Die erfolgreiche Führungskraft – Motivation und Begeisterung für Ihre Mitarbeiter mit dem richtigen Leadership

praxisnahe und bewährte Führungstechniken & Strategien für Vorgesetze

inkl. Tipps für Mitarbeitergespräche,

Führungsstile & erfolgreiches Personalmanagment

1. Auflage

ISBN: 9798483571308

Inhaltsverzeichnis

Einführung

Führung begegnet uns immer wieder, ohne das wird es jedes Mal bewusst wahrnehmen. Kein Unternehmen kann ohne eine Führungskraft langfristig funktionieren und das gilt nicht nur für den beruflichen Bereich, sondern auch von der Familie. In diesem Kontext wird zwar öfter von dem Familienoberhaupt gesprochen was entscheiden trifft, im Prinzip ist damit jedoch das Gleiche gemeint.

Vor allem im beruflichen Kontext ist es jedoch sehr spannend, die Führung näher unter die Lupe zu nehmen. So wichtig Führung auch ist, so unterschiedlich kann sie definiert werden. Wer kann überhaupt die Führung übernehmen und was macht eine Führungskraft aus?

Es scheint unstrittig zu sein, dass nicht jeder Mensch dazu in der Lage ist eine Führungsposition zu übernehmen.

Doch was macht darüber hinaus eine gute Führungskraft aus?

Ist es eher der Kumpel oder der Boss, den wir alle gerne als unseren Vorgesetzten hatten? Wie in so vielen Bereichen geht es auch bei der Führung darum, die goldene Mitte zu finden.

Dabei hilft auch die Erkenntnis, dann kein Mensch perfekt ist und auch eine Führungskraft nicht in allen Bereichen perfekt sein muss. Vielmehr dreht sich alles um die Ziele und Werte eines Vorgesetzten. Wie möchte man sich als Führungskraft positionieren? Dafür sollten in erster Linie die eigenen Werte erkannt und näher definiert werden. Die Kunst ist es dann, die eigenen Werte sinnvoll in den Führungsstil zu integrieren. Das ist vor allem dann von besonderer Bedeutung, wenn es sich um das eigene Unternehmen handelt.

Jede Führungskraft muss sich früher oder später auf einen bestimmten Führungsstil festlegen, zumindest dann, wenn sie erfolgreich werden möchte. Das ist gar nicht so leicht, denn den einen richtigen Führungsstil für jedes Unternehmen existiert nicht.

Wie kann fokussiert und effektiv geführt werden, ohne den Überblick über das gesamte Unternehmen zu verlieren?

Wie kann ein selbstbewusstes Verhalten vielleicht sogar erlernt werden. In jeglichen Situationen selbstbewusst aufzutreten, erweist sich in der Regel als gar nicht so einfach.

Gleichzeitig muss eine Führungskraft auch dazu in der Lage sein aus Fehlern und Niederlagen zu lernen und diese für den persönlichen Entwicklungsprozess zu nutzen. Nur so kann am Ende ein Fortschritt für das gesamte Unternehmen entstehen. Doch wie kann die Führung alle Ziele immer im Blick behalten ohne den Fokus zu verlieren? Darüber hinaus muss ein Vorgesetzter über weitere Kompetenzen verfügen, um ein Unternehmen erfolgreich führen zu können. Dazu gehört beispielsweise der Umgang mit schwierigen Mitarbeitern.

Gleichzeitig kommt es jedoch auch auf die emotionale Intelligenz an. Führungskräfte müssen Emotionen und Kreativität sinnvoll einsetzen und dafür verstanden haben, warum Emotionen so eine starke Wirkung haben und wie diese gezielt eingesetzt werden müssen. Darüber hinaus müssen die eigenen Emotionen hinreichend bekannt sein. Nur so können die Emotionen und Gefühle von Mitarbeitern erkannt und genutzt werden. Dabei hat eine Führungskraft wichtige Werkzeuge, die sie einzusetzen wissen muss. Dazu gehören beispielsweise Lob, Tadel und Aufmunterung. Mitarbeiter müssen an die Hand genommen und angeleitet werden.

Damit einher geht der richtige Umgang mit den Mitarbeitern

Dieser ist letztlich entscheidend für den Erfolg des Unternehmens. Über den Umgang muss ein gegenseitiges Vertraue entstehen, was ausgebaut und gefestigt werden muss. Darüber hinaus sollten im Unternehmen verschiedene Anreite geschaffen werden. Damit diese Anreize wirksam sind, müssen die Motive und Bedürfnisse der einzelnen Mitarbeiter erkannt werden. So können Mitarbeiter auf dem richtigen Wege motiviert werden.

Im Gegensatz dazu kann es jedoch zu verschiedenen Konflikten kommen. Hierbei spielt die Führungskraft eine entscheidende Rolle und muss lernen, Konflikte gekonnt lösen zu können und Probleme delegieren zu können. Verschiedene Gesten müssen erkannt und dann genutzt werden.

Es ist unerlässlich einen einzelnen Mitarbeiter lesen zu können. Als Führungskraft könnte man sich auch als Psychologe bezeichnen, ohne jemals studiert zu haben. Dennoch ist die Psychologie das Tor zu einer offenen Welt, in der z.B. psychologische Tricks angewendet werden können.

Doch damit noch nicht genug, denn **Kommunikation ist in einem Unternehmen unerlässlich und darf daher auf keinen Fall fehlen**. Dazu gehört ein Passendes Auftreten der Führungskraft. Selbstbewusstsein und Autorität müssen nicht vorhanden sein, denn beides kann geübt werden. Auf der anderen Seite ist Feedback in der Kommunikation auf beiden Seiten sehr entscheidend, um eigene Entwicklungschancen wahrzunehmen. Auch ein negatives Image kann vorteilhaft eingesetzt oder sogar gelöscht werden. Genauso wie das Hineinversetzen in den einzelnen Mitarbeiter, sodass dieser sich grundsätzlich ernstgenommen und verstanden fühlt.

Auch wenn es um die Suche und Gewinnung neuer Mitarbeiter geht, nimmt die Führungskraft eine entscheidende Rolle ein.

Recruiting ist aufgrund verschiedenster Faktoren gar nicht mehr so leicht. Fachkräftemangel ist dabei nur ein wichtiges Stichwort. Gleichzeitig gilt es schnell herauszufinden, ob der Bewerber für das Unternehmen geeignet sein könnte und was für Fähigkeiten sowie Schwäche vorhanden sind. Wie kann ein neuer Mitarbeiter bestmöglich in das System integriert werden und was kann getan werden, wenn sich ein Mitarbeiter nicht in die bestehenden Strukturen einarbeiten kann? Wie können alle Mitarbeiter zu einem Team werden?

Alle angesprochenen Aspekte und Fragstellungen spielen im Rahmen einer guten Führung eine entscheidende Rolle. Führungskräfte haben komplexe und vielschichtige Aufgaben. Um all diese Themen soll es in den folgenden Kapiteln gehen. So entsteht ein Rundblick in die Welt einer sehr guten Führungskraft wie sie jeder gerne sein möchte.

Was macht eine Führungskraft aus

Im Alltag wird gerne davon gesprochen, dass bestimmte Menschen eine richtige Führungspersönlichkeit sind und alles mitbringen, was dafür wichtig ist.

Doch was macht eine Führungskraft eigentlich aus?

Dafür kann es sehr sinnvoll sein, sich im ersten Schritt damit auseinanderzusetzen, was mit Führung überhaupt gemeint ist. Führungskräfte haben Personalverantwortung und sie erfüllen in der Regel eine Reihe von verschiedenen Aufgaben, die Management erfordern. Immer häufiger werden Führungskräfte leider nicht ausreichend auf ihre Rolle als Führungskraft vorbereitet. Das wiederum kann fatale Folgen haben.

Führung bedeutet grundsätzlich erst einmal, dass Menschen das Verhalten anderer beeinflussen wollen um die eigenen oder gemeinsamen Ziele zu erreichen. Wie die Beeinflussung aussieht kann je nach Führungsstil sehr unterschiedlich ausfallen. In aller Regel werden unternehmen von Führungskräften oder auch Vorgesetzten geleitet. Die Führungsziele ergeben sich dann aus den Zielen des Unternehmens.

Um zu einer Führungskraft werden zu können, sollte auch Führungskompetenz vorhanden sein. Fach- und Führungskompetenz dürfen dabei nicht durcheinander gewürfelt werden. Viele Führungskräfte weisen zwar eine hervorragende Fachkompetenz auf, haben hingegen aber nur eine niedrige Führungskompetenz. Fachkompetenz bedeutet in diesem Fall, dass die betreffende Person viel Fachwissen mit sich bringt.

Im Zweifelsfall ist es jedoch so, dass Führungspersonen überwiegend im Management tätig sind und den Überblick behalten müssen. Daher steht es gar nicht so sehr im Vordergrund, dass Fachwissen vorhanden sein muss. Ohne ein gewisses Maß an Führungskompetenz lässt sich eine Führungsposition jedoch nur schwer durchführen.

Eine Führungskraft ist also für viele verschiedene Aspekte zuständig. Sie kann daher auch als Schnittstelle zwischen den Mitarbeitern bezeichnet werden.

Ein oberstes Ziel ist es, für Ziele zu sorgen, die von den Mitarbeitern erfüllt werden sollen, um das Unternehmen weiter voranbringen zu können.

Darüber hinaus ist eine Führungskraft aber auch für die Organisation unterschiedlichster Bereiche zuständig. Das ist entscheidend, damit der Arbeitsbetrieb reibungslos ablaufen kann. Je nach Unternehmen ist eine unterschiedliche Organisation erforderlich. Das können z.B. Einsatzplanungen der Mitarbeiter sein. Hinzu kommt jedoch, dass in einer Führungsposition Entscheidungen getroffen werden müssen. Mitunter werden daher auch Entscheidungen für die Mitarbeiter gefällt. Gleichzeitig wird in dieser Hinsicht eine hohe Verantwortung übernommen und die Führungskraft muss sich unter Umständen gegenüber höheren Vorgesetzten für das Handeln des gesamten Teams verantworten.

Darüber hinaus ist es eine der fünf zentralen Aufgaben Kontrolle auszuüben. Das hat weniger damit zu tun, dass die Führungskraft den Mitarbeitern nicht vertrauen kann, sondern vielmehr damit, dass es wichtig ist, dass eine Person den Überblick behält und die Kontrolle über die Dinge behält. Nur so kann gewährleistet werden, dass alle notwendigen Aufgaben erfüllt werden und kein ineffektives Arbeiten vorkommt.

Nicht zuletzt übernimmt eine Führungskraft aber auch persönliche Aufgaben und sorgt beispielsweise dafür, dass die einzelnen Menschen im Team sich weiterentwickeln können und individuell gefördert werden können. Letztlich steht auch hierbei im Fokus, dass Unternehmen durch individuelle Maßnahmen voranzubringen. Am Ende muss die Führungskraft jeden einzelnen Mitarbeiter kennen und einschätzen können, um für Entwicklung und Fortschritt sorgen zu können.

Was heißt es, eine gute Führungskraft zu sein

Eine essentielle Frage, die sich selbst Führungskräfte bereits gestellt haben.

- Was ist notwendig, um tatsächlich von einer guten Führungskraft sprechen zu können?

- Kann dieses Ziel von jedem erreicht werden oder gibt es schlichtweg Menschen, die sich nicht für Führung eignen?

Studien zeigen dabei recht eindeutig, dass in vielen Unternehmen schlechte Führungskräfte beschäftigt sind, jedoch keine Maßnahmen ergriffen werden, um an der Situation etwas zu verbessern. Das erweckt den Anschein, dass es gar nicht so leicht ist, eine gute Führungskraft zu sein. Dabei bringt eine gute Führung viele Vorteile mit sich und kann einen motivierenden und stabilen Rahmen im Arbeitsumfeld sorgen.

Die Aufgaben einer guten Führungskraft wurden bereits im vorherigen Kapitel genannt. Allein die aufgelisteten Aufgabenfelder zu bedienen reicht leider bei weitem nicht aus, um von einer guten Führungskraft sprechen zu können.

Eine gute Führungskraft sticht dadurch hervor, dass sie Führung als Profession ansieht und nicht als kleine Nebenaufgabe, die eben erledigt werden muss. Führung lässt sich leider nicht von nebenbei erledigen, sondern ist eine entscheidende Tätigkeit.

Aus den Grundsätzen wirksamer Führung ergibt sich daher, dass verschiedene Kriterien erfüllt werden sollten, um das Thema Führung ernst zu nehmen. Dazu gehört die Resultatorientierung. Am Ende sind die Resultate für ein Unternehmen entscheidend und nicht unbedingt der Weg zu den Ergebnissen. Wenn es für ein Unternehmen also Kennzahlen gibt, die unbedingt erfüllt werden müssen, dann sollte der Blick stets auf den Zielen liegen.

Gleichzeitig sollte eine Führungskraft stets einen Beitrag zum Ganzen liefern und sich nicht aus Angelegenheiten heraushalten, weil die Mitarbeiter das auch für sich selbst entscheiden könnten.

Schlichtweg muss die Führung immer und überall sein und sich einbringen. Mitarbeiter sollten in keiner Situation das Gefühl haben im Stich gelassen zu werden. Etwas im Gegensatz dazu steht Vertrauen, was eine Führungskraft haben muss. Sie soll zwar einen Beitrag zum Ganzen liefern, darf aber gleichzeitig nicht jede kleine Aufgabe selbst erledigen. Es gibt auch heutzutage Führungskräfte, die einfach keine Verantwortung abgeben möchten und sich davor scheuen, selbst kleine Aufgaben nicht selbst zu erledigen. Die Abgabe von Aufgaben ist jedoch sehr wichtig für die Wertschätzung der Arbeitnehmer. Sie möchten einen wichtigen Job erfüllen und nicht bevormundet werden. Die Führungskraft braucht also ein gewisses Vertrauen in die Mitarbeiter. Sie muss wissen, dass die Mitarbeiter auf ihrem Gebiet ein sehr gutes Fachwissen haben und damit Experten sind.

Um ein Unternehmen in einer Führungsposition nachhaltig nach vorne bringen zu können ist es zudem entscheidend, positives Denken zu etablieren. Gerade unter Mitarbeitern wird immer wieder gemeckert und selbst Kleinigkeiten können schon einen Grund darstellen sich zu beschweren. Dieses Verhalten darf von der Führungskraft nicht mitgetragen werden. Vielmehr sollte positives Denken im Vordergrund stehen und dafür sorgen, dass die Mitarbeiter ebenfalls positiver agieren. Dieser Grundsatz ist wichtig, damit im Unternehmen nicht unnötig Panik gestreut wird. Diese kann sich schnell auf die Arbeitsmoral auswirken und senkt die Effizienz.

Auch wenn die Führungskraft einen Beitrag zum Ganzen leisten soll, muss sie gleichzeitig dazu in der Lage sein, die Konzentration auf wenige einzelne Dinge zu legen. Der Fokus kann nicht gleichzeitig auf allen Aufgaben liegen. Vielmehr müssen Prioritäten gesetzt werden. Dazu muss eine Führung in der Lage sein, wichtige Dinge von den Dingen zu unterscheiden, die noch warten können. Nur so kann die Arbeitsbelastung im Unternehmen auf einem moderarten Level gehalten werden. Das wiederum beeinflusst die Motivation der Mitarbeiter.

Zuletzt müssen die Stärken effektiv genutzt werden und der Fokus darf nicht zu sehr auf den Schwächen liegen. Damit sind Stärken in den verschiedensten Bereichen gemeint. Sei es bei den Mitarbeitern oder auch im gesamten Team oder bei der Aufgabenerfüllung. Stärken gibt es in allen Bereichen und dort sollten sie klar im Fokus stehen.

Wenn diese Grundsätze bekannt sind, dann macht das schon zum Teil eine gute Führungskraft aus. Sie hat niemals das persönliche Wohlergehen im Kopf, sondern handelt im Namen des Unternehmens und im Namen der Mitarbeiter und denkt auch so. Das ist essentiell, um erfolgreich sein zu können.

Um die Grundsätze umsetzen zu können müssen die Werkzeuge wirksamer Führung bekannt sein und entsprechend umgesetzt werden.

Dazu gehört beispielsweise regelmäßige Sitzungen durchzuführen, Budgets im Blick zu haben, Berichte zu verfassen, Leistungsbeurteilungen vorzunehmen, an der persönlichen Arbeitsmethodik zu arbeiten und die systematische Müllabfuhr zu nutzen. Das sind nur einige der Werkzeuge, die einer Führungskraft zur Verfügung stehen. Besonders wichtig ist es, diese zur richtigen Zeit einzusetzen.

Die gute Nachricht: Niemand wird als gute Führungskraft geboren und beherrscht alles perfekt. Das hängt ganz einfach damit zusammen, dass Führungsfähigkeiten nur sehr selten angeboren sind, weshalb sie erlernt werden können. Nur in seltenen Fällen muss tatsächlich davon gesprochen werden, dass ein Mensch persönlich und charakterlich ungeeignet ist eine Führungskraft zu werden. Eine gewisse Begabung kann bei der Entwicklung für Führung in jedem Fall weiterhelfen.

Wie sollte sich eine Führungskraft verhalten? Was erwartet das Team von einer Führungskraft? Dies sind normale Fragen, die sich jeder Mensch in einer Führungsposition schon gefragt haben wird. Nur fundiertes Wissen um die Aufgaben der Führung können dabei helfen diese Fragen zu beantworten und die eigene Führungskraft klar zu definieren. Die eigene Definition ist entscheidend für das gesamte weitere Verhalten und Vorgehen als Führungskraft.

Führungswissen in der Kommunikation und Psychologie kann sehr hilfreich sein, genauso wie ein Verständnis darüber, wie Organisationen funktionieren und wie die Steuerung lebender Systeme funktioniert. Nicht zuletzt spielt auch die Selbsterfahrung über die eigene Person eine entscheidende Rolle. Eine Führungskraft sollte immer auch den Blick auf sich selbst haben und reflektierend einwirken können.

Auch Inhalte der Arbeit sollte sich eine Führungskraft im Laufe der Zeit aneignen, um auch wissensspezifische Entscheidungen treffen zu können.

Eine gute Führungskraft zeichnet sich auch dadurch aus, dass sie in verschiedene Rollen schlüpfen kann. Beispielhafte Rollen können sein:

- Talentscout
- Personalentwickler
- Moderator
- Entscheider
- Mediator
- Integrator
- Stratege
- Navigator

Darüber hinaus können je nach Unternehmen auch noch weitere Rollenbilder hinzukommen.

Gute Führung ist zudem immer auf das jeweilige Unternehmen angepasst und lässt sich nicht anhand starrer Kriterien festmachen. Dabei spielen auf die persönlichen Werte und Ziele der Führungskraft eine Rolle. Darum soll es in den nächsten Kapiteln gehen, da die eigene Führungsidentität erst einmal gefunden werden muss.

Kumpel oder Boss - Die goldene Mitte finden

- Sollte eine gute Führungskraft eher der Boss sein oder doch der Kumpel, der gar nicht so sehr aus den Mitarbeitern heraussticht?

- Welcher Führungsstil kann in dieser Hinsicht der Beste sein?

In der heutigen Unternehmenspolitik kristallisiert sich ganz klar heraus, dass Autokraten und verschiedene Autoritäten einfach nicht mehr zeitgemäß sind. Der Markt hat sich in dieser Hinsicht gewandelt und es werden vielmehr fähige Persönlichkeiten gesucht, die sich und andere motivieren können und dabei noch genügend Freiraum für die eigene Entfaltung lassen.

Der Laissez-faire-Stil ist inzwischen sehr bekannt und bezeichnet eine Führung mit antiautoritärem Verhalten. Der Vorgesetzte soll sich laut diesem Stil freundlich und passiv verhalten. Die Mitarbeiter dürfen sehr viel ausprobieren und ihnen wird viel Vertrauen geschenkt. Verschiedene Strafen oder Sanktionen gibt es bei dieser Art von Führung nicht. Das kann sich auf hochmotivierte Mitarbeiter sehr gut auswirken, weil sie die eigenen persönlichen Stärken verbessern können und sich kreativ ausleben können, insofern das mit den vorhandenen Tätigkeiten möglich ist. Es kann hingegen mit dem Laissez-faire-Stil passieren, dass die Mitarbeiter den Chef gar nicht mehr richtig ernstnehmen.

Der autokratische Stil geht genau in die andere Richtung, denn hierbei dreht sich alles um autoritäre Führung, die mit sehr großer Macht verbunden ist. Es wird getreu nach dem Motto: „Vertrauen ist gut, Kontrolle ist besser.“, gehandelt und der Chef übernimmt das alleinige Kommando. Mitarbeiter sollen einfach nur gehorchen und an der Spitze steht ganz klar der Chef, der Fehlverhalten tadelt und bestrafen darf. Die Führungskraft hat bei diesem Stil die Aufgabe, feste Regeln durchzusetzen und gesteckte Ziele in jedem Fall zu erreichen. Durch diesen Stil können auch Chaoten zu einer guten Struktur geführt werden und in brenzligen Situationen kann sich das Team in jedem Fall auf den Chef verlassen. Bei der autoritären Führung kann es jedoch schnell zu Unzufriedenheiten kommen, die dann im Team nicht zur Sprache kommen. So entsteht schnell eine Jasager Kultur. Unternehmen mit diesem Führungsstil hängen schnell in veralteten Denkmustern fest und können sich nicht mehr weiterentwickeln.

Diese beiden benannten Führungsstile zeigen einmal den Boss und einmal den Kumpel.

Im Normalfall dürfte keiner der beiden Führungsstile perfekt für ein Unternehmen geeignet sein. Auch hier gilt es die goldene Mitte zu finden.

Der benötigte Führungsstil ist auch unmittelbar von den Mitarbeitern selbst abhängig und gar nicht so sehr von der Führungskraft. Am Ende ist entscheidend, um was für eine Art Team es sich handelt. Der Führungsstil muss daher auch nicht direkt etwas mit den Charaktereigenschaften des Chefs zu tun haben. So kann ein Führungsstil nach dieser Theorie beispielsweise integrierend, bremsend, anspornend, ermutigend oder wertschätzend sein. Mehrere Komponenten können auch durchaus miteinander verbunden sein.

So sollten die Komponenten von den verschiedenen Mitarbeitern abhängig sein. Diejenigen die sich im Team als Leistungsträger herausgestellt haben bekommen weitere Chancen und mehr Freiräume. Sie können sich so darin üben noch mehr Verantwortung zu übernehmen. Die Nörgler und weniger effektiven Mitarbeiter hingegen sollen ausgebremst werden und erhalten konkrete Anweisungen mit Handlungsaufforderungen. Schüchterne Kollegen hingegen werden in ihrem Tun bestärkt und ermutigt. Grundsätzlich ist die Führung also auch immer von den unterschiedlichen Mitarbeitern abhängig.

Nach anderen Theorien gibt es drei Arten von Führung. Diese kann verhaltensorientiert, situationsorientiert und leistungsorientiert sein. Hinzu kommen aufgabenorientierte und personenbezogene Faktoren der Führung. Die Führungskraft sollte sich also immer auch aufs Team anpassen, um gute Führung machen zu können. Je nach Mitarbeitern kann dann eher der Boss oder eher der Kumpel angewandt werden. Die goldene Mitte ist meist die richtige Wahl, da es unterschiedlichste Charaktere im Team geben wird und eine Führung immer jedem gerecht werden sollte.

Es ist aber völlig richtig, dass einer Führungskraft oftmals der Spagat zwischen Chef und Kollege gelingen muss.

Dabei geht es darum, wie viel Distanz vorhanden sein sollte und wie viel Nähe überhaupt gesund sein kann. Nicht selten kommt die Führungskraft aus dem eigenen Team und kennt die Kollegen daher auch auf anderer Ebene.

Wie bereits erwähnt kommt es deshalb am Ende auf den richtigen Spagat zwischen Boss und Kollege an.

Die Balance zwischen beiden Extremen kann dann gelingen, wenn es eine Kommunikation auf Augenhöhe gibt, damit sich alle Mitarbeiter ernstgenommen fühlen. Außerdem sollte der Chef immer eine Vorbildfunktion übernehmen. Er kann nur Dinge von Mitarbeitern erwarten, die er auch selbst bereit ist zu tun. Wird von dem Team professionelles Auftreten erwartet, sollte der Vorgesetzte sich ebenso verhalten. Dennoch sollte bei aller Kollegialität nicht vergessen werden, dass die Entscheidungen am Ende vom Chef getroffen werden. Dieser sollte zwar nicht direkt über den Kopf der Mitarbeiter hinweg entscheiden, aber dennoch am Ende selbst zu einer Entscheidung kommen. Dabei ist es entscheidend, dass er sich vorher die Ideen und Einwände der Mitarbeiter anhört um diese in seine Entscheidungsfindung einbeziehen zu können.

Auch sonst sollte die Führungskraft sich von den übrigen Kollegen abheben. Das gilt beispielsweise für eine Firmenveranstaltung. Hierbei sollte der Chef genau wissen, wann es die beste Zeit ist zu gehen. Auch bei solchen Veranstaltungen steht der Job im Vordergrund und es wird kein anderes Verhalten als im beruflichen Alltag gezeigt. Hier darf der Kumpel keinesfalls zu sehr raushängen, der Chef darf aber durchaus auch mal einen Spaß verstehen.

Wichtig für die goldene Mitte ist es zudem, dass eine Führungskraft anerkennen sollte, dass sie nicht auf allen Gebieten fachlich versiert sein kann. Auch ein Vorgesetzter muss kein Alleskönner sein. Das muss sich ein Chef sich jedoch selbst eingestehen können, um dann gezielt die Kompetenzen der Mitarbeiter nutzen zu können. Das erhöht die Erfolgschancen und sorgt dafür, dass die Mitarbeiter sich unterstützt und verantwortlich fühlen.

<u>Gleichzeitig muss ein Chef stets eine klare Linie fahren müssen</u>.

Nichts ist schlimmer für Mitarbeiter als das der Chef unberechenbar ist und immer wieder andere Entscheidungen trifft. Die eigene Meinung sollte feststehen, sodass auch die Position der Führungskraft bekannt ist. Er sollte sich gegenüber allen Mitarbeitern fair verhalten und wenn Zusagen getroffen werden, müssen diese von ihm auch eingehalten werden. Am Ende kann so eine bodenständige und menschliche Zusammenarbeit entstehen.

Als Vorgesetzter muss die goldene Mitte gefunden werden, um ein Team bestmöglich unterstützen und anleiten zu können.

Niemand ist perfekt

Immer wieder wird das Bild vom perfekten Chef gezeichnet, was gerade bei jungen oder neuen Führungskräften zu Versagensängsten führen kann.

- Aber ein Vorgesetzter darf doch niemals die eigenen Sorgen und Ängste vor seinen Mitarbeitern äußern oder?

- Er würde damit seine Verletzlichkeit zeigen und könnte das Team doch dann nicht mehr richtig führen, oder?

Am Ende lässt es die Führungskraft einfach nur menschlich wirken, wenn sie auch Sorgen und Probleme transportiert und nicht dauerhaft versucht einen perfekten Eindruck zu vermitteln. Am Ende ist kein Mensch komplett perfekt und das gilt natürlich auch für jeden Chef. So kann es am Ende sogar hinderlich sein, wenn ein Mensch dauerhaft versucht auf perfektionistischem Wege alles zu verändern.

Das gilt vor allem für Menschen, die erst vor kurzer Zeit eine Führungskraft geworden sind. Am Ende dreht sich alles darum aus den eigenen Fehlern zu lernen. Kein Mitarbeiter dieser Welt wird vom eigenen Vorgesetzten erwarten, dass dieser perfekt sein muss. Das ist am Ende ein unmögliches Vorhaben. Fortbildungen und andere Maßnahmen können dabei helfen, um die eigenen Führungskompetenzen zu verbessern. Entscheidend ist es, dass Verbesserungsmöglichkeiten wahrgenommen werden, um ein besserer Vorgesetzter zu werden.

Perfekt muss eine Führungskraft dennoch nicht sein, sondern darf wie angesprochen auch Probleme und Sorgen transportieren. Auch hierbei sollte die perfekte Balance gefunden werden. Es ist wenig sinnvoll, die Mitarbeiter ständig mit eigenen Problemen und Sorgen zu belasten, sodass deshalb vielleicht noch ein schlechtes Betriebsklima herrscht. Am Ende dürfen auch nicht alle Probleme innerhalb des Unternehmens an die Mitarbeiter transportiert werden.

Andersherum ist es aber auch nicht sinnvoll immer einen perfekten Anschein zu machen und alle Probleme in sich hineinzufressen. Hierbei ist also ganz klar die Balance entscheidend.

Weder Mitarbeiter noch Führungskräfte sind perfekt und das ist auch gut so, denn so kann voneinander noch gelernt werden.

Oftmals sind es als Vorgesetzter auch nur Kleinigkeiten, die noch verbessert werden könnten. Sind die Defizite zu groß, dann sollte Seminare und Schulungen dabei helfen, sich als Führungskraft weiterzuentwickeln. Hierbei sollten Signale von dem Team durchaus ernstgenommen werden.

Am Ende darf jeder von sich selbst aber gerne behaupten das er nicht perfekt ist, denn das ist völlig in Ordnung. Leider geraten gerade Führungskräfte immer wieder in den ungesunden Kreislauf, perfekt handeln zu wollen. Selbst kleinere Fehler oder Fehlentscheidungen können dann schon zu einer großen Belastung werden.

Es kostet sehr viel Zeit zu versuchen perfekt zu sein. Das unerreichbare Ziel sorgt letztlich dafür, dass der Blick für das Wichtige verloren geht. Es macht keinen Sinn, sich auf jede Kleinigkeit zu konzentrieren, um allem gerecht zu werden. Der Vorgesetzte sollte allein deshalb schon nicht perfekt sein, weil die Mitarbeiter das auch nicht sein können. Es kann für sie beängstigend und einschüchternd sein, wenn die Führungskraft einen perfekten Eindruck macht, ihnen aber durchaus mal ein Fehler unterlaufen kann.

Führungskräfte sollten nicht versuchen perfekt zu sein, denn das ist niemand. Das darf andererseits aber auch keine Ausrede sein, sich in der eigenen Qualifikation nicht zu verbessern. Es sollte immer der Anspruch sein, ein möglichst guter Vorgesetzter zu sein, aber eben nicht perfekt.

Ziele und Werte einer Führungskraft

Jede Führungskraft verfolgt verschiedene Ziele und vertritt unterschiedliche Werte, ob sie möchte oder nicht. All das sind Dinge, die bewusst oder unterbewusst transportiert werden können. Umso wichtiger ist es als Vorgesetzter sich bewusst zu machen, wie die Ziele und Werte einer Führungskraft eigentlich aussehen sollten.

Fest steht, dass die besten Ziele und Werte am Ende nichts nützen, wenn nicht die charaktergerechte Führung zum Einsatz kommt. Die Führungskraft selbst muss anpassungsfähig sein und sich auf die verschiedenen Individuen einlassen. Am Ende ist es irrelevant, welcher Führungsstil sich am besten eignet und mit welchem Typ Mensch ein Vorgesetzter am liebsten zusammenarbeiten möchte. Er selbst muss sich an die vorhandenen Gegebenheiten anpassen.

Natürlich ist es wichtig, die eigenen Ziele und Werte zu kennen. Gerade der Führungsstil darf aber nicht auf Biegen und Brechen durchgesetzt werden, nur weil man das persönlich gerne möchte. Nur wenn jeder einzelne Charakter eines Mitarbeiters bekannt ist und Akzeptanz sowie Berücksichtigung findet kann erfolgreich geführt werden. Jeder Mensch hat andere Bedürfnisse, die berücksichtigt werden müssen um das Beste aus dem jeweiligen Mitarbeiter herausholen zu können. Das ist letztlich ein Ziel, was jeder Chef vertrete sollte.

Um als gute Führungskraft auftreten zu können, müssen die eigenen Ziele und Werte jedoch erst definiert werden. Diese können bei Erforderlichkeit dann auf das jeweilige Team angepasst werden. Wichtig ist es auch, dass die Werte und Ziele fest bestehen bleiben und nicht beliebig geändert werden. Mitarbeiter benötigen eine konstante Führung. Damit hängen unmittelbar die eigenen Werte und Ziele zusammen. Ändern diese sich ständig, entsteht auch immer wieder eine neue Art zu führen. Das wiederum kann schnell zu Verunsicherungen bei den Untergebenen führen und manche kommen damit vielleicht gar nicht zurecht.

Welche Werte und Ziele tatsächlich erstrebenswert sind, kann jeder für sich selbst entscheiden. Es hat sich in den letzten Jahren durchaus ein Trend ergeben der zeigt, dass sich die Prioritäten hinsichtlich der Werte und Ziele bei Führungskräften verändert haben.

Die Wertekommission „Initiative Werte bewusste Führung e.V." führt immer wieder Befragungen zum Thema „Werte in der Wirtschaft" durch und untersucht dabei nicht nur die gesellschaftlichen Werte, sondern auch die Werte im beruflichen Kontext. So gab es in den letzten Jahren auffällige Veränderungen im Wertverständnis. Die Werte ergeben sich meist schon aus der Persönlichkeit heraus und werden dann mit in den Job genommen.

Demnach steht Vertrauen ganz oben bei den wichtigsten Werten im Beruf.

Gegenseitiges Vertrauen ist sehr wichtig, um beruflich zum Erfolg zu kommen. Danach kommt Integrität und Verantwortung. All diese Werte sind mehr als entscheidend für eine Führungskraft. Interessanterweise haben sich die Werte damit auch entscheidend verändern. Bis vor einigen Jahren lag Verantwortung noch ganz vorne und danach kamen Vertrauen und Respekt. Verantwortung stand als Wert ganz vorne mit Abstand zu den anderen Werten.

Es kann als Führungskraft also durchaus sinnvoll sein, sich Gedanken darüber zu machen, welche Werte im Unternehmen eigentlich noch eine Rolle spielen könnten und wie das mit den persönlichen Werten zusammenpasst. Wenn diese sich völlig voneinander unterscheiden kann es auch sinnvoll sein, sich für ein anderes Unternehmen zu entscheiden, wo die Werte und Ziele eher übereinander stimmen.

Wer sind Sie?

Zuerst einmal muss eine Führungskraft erkennen, dass sie eine Führungskraft ist. Das mag banal klingen, es gibt jedoch viele Menschen, die seit langem im bestimmten Strukturen waren und sich dann erst daran gewöhnen müssen, dass sie nun eine Führungsposition einnehmen.

Selbst wenn jemand schon seit längerer Zeit Vorgesetzter ist, sollte man sich ab und zu die Frage stellen: „Wer bin ich eigentlich?“

- Wie würde ich mich vor einem neuen Team vorstellen, wenn ich kurz etwas über mich erzählen würde?

- Was macht mich eigentlich aus und wofür bin ich bei meinen Mitarbeitern bekannt?

Jede gute Führungskraft muss sich zunächst mit sich selbst auseinandersetzen. Dabei hilft es nichts, sich selbst etwas vorzulügen. Im Gegenteil: Es ist von großer Wichtigkeit zu sich selbst ehrlich zu sein und die Frage nach dem „wer bin ich“ direkt beantworten zu können. Dabei sollte diese Fragestellung nicht nur mit dem Alter und dem Namen beantwortet werden, sondern mit einem ganz persönlichen Statement zu einem selbst.

Es kann daher sehr sinnvoll sein, sich einfach mal mit einem Blatt Papier hinzusetzen und sich Notizen zu sich selbst zu machen. Wie würden andere mich beschreiben und was macht mich aus? Dabei können verschiedenste Adjektive, aber auch ganze Sätze zum Einsatz kommen. Dabei sollten auch Aspekte genannt werden, die man an sich selbst vielleicht gar nicht so gerne mag und daher lieber weglassen würde. Diese Dinge sollten fest im Kopf verbleiben und dann mit der Zeit nachgebessert werden.

Fest steht jedoch, dass auch die Schwächen eine Person ausmachen. Wenn das Blatt Papier schon erst einmal da ist, kann es auch hilfreich sein prägnante Aspekte aus dem eigenen Leben zu benennen.

- Was hat zur Prägung und Veränderung der Persönlichkeit beigetragen?
- Gibt es vielleicht sogar ein Motto, was lebensbeschreibend ist?

Das mag alles sehr einfach klingen, ist jedoch ein wichtiger Anfang. So kann am Ende präzise beschrieben werden, was für ein Führungsstil passend ist und welche Werte und Ziele vertreten werden könnten. Nur so kann Führung funktionieren. Mit einem selbst muss zu diesem Zeitpunkt bereits alles geregelt sein, damit der Fokus überhaupt auf dem Team und deren Belangen liegen kann.

Vor allem persönliche Eigenschafen spielen eine entscheidende Rolle. Ist man eher ruhig oder auch mal aufbrausend? All diese Eigenschaften spielen in der Führung ebenfalls eine Rolle und sollten daher unbedingt Berücksichtigung finden. Wer sich nur schwer herausnehmen kann und immer persönlich die Verantwortung und die Aufgaben übernehmen möchte, der muss zuerst lernen, loszulassen und anderen zu vertrauen. Dann liegt der Wert „Vertrauen“ vielleicht nicht ganz oben. Die eigenen Werte können sich im Laufe der Zeit jedoch durchaus ändern.

Ganz zu Beginn sollten die Gedanken stehen, was einen persönlich eigentlich ausmacht und warum man selbst als Führungskraft geeignet sein könnte? Was ist der Unterschied zu anderen Vorgesetzten? Am Ende sollte das Blatt Papier voller Dinge stehen die einen ausmachen und charakterisieren. Sich diese Zeit zu nehmen ist vor allem für die weiteren Kapitel und für die Selbstfindung zur Führungskraft unerlässlich. Dabei zählt vor allem die Ehrlichkeit zu sich selbst.

Die eigenen Werte kennen

An dieser Stelle ist zu erwähnen, dass es unfassbar wichtig ist die eigenen Werte zu erkennen. Im besten Fall bewirbt man sich gerade erst bei einem Unternehmen und muss entscheiden, ob es dieselben Werte vertritt wie man selbst. Wenn man bereits Führungskraft in einem Unternehmen ist, kann es sinnvoll sein einfach mal zu überprüfen, ob die Werte überhaupt übereinstimmen.

Die sogenannten Wertvorstellungen werden von uns erworben und sind nicht etwa angeboren. Sie können daher jederzeit wieder verändert werden. Dennoch ist es nicht so, dass sich die Werte täglich ändern sollten.

Wertvorstellungen sind grundlegende als positiv betrachtete Eigenschaften und Ideale, nach denen wir handeln. Letztlich beeinflussen unsere Werte also auch unser Verhalten. Wenn wir z.B. als Wertvorstellung in uns tragen, dass wir nicht klauen dürfen, dann handeln wird auch danach, selbst wenn wir theoretisch die Möglichkeit dazu hätten etwas zu klauen. Werte können daher auch als Wegweiser auf unserem Lebensweg bezeichnet werden. Sie zeigen uns immer wieder den richtigen Weg auf und helfen uns dabei Entscheidungen zu treffen. Unsere Werte zeigen uns aber auch, wofür wir unsere Zeit und Energie investieren. Auch wenn es mal noch so schwer ist, erinnern uns unsere Werte oftmals daran, wer wir eigentlich sind.

Gerade deshalb sind Werte für die gesamte Gesellschaft so wichtig. Daher dreht sich oftmals auch alles darum, dass unbedingt die richtigen Wertvorstellungen vermittelt werden müssen. Letztlich hat jeder von uns Wertvorstellungen, auch wenn diese oft unterbewusst entstehen. Das Handeln nach unseren Werten hilft uns auch dabei uns in der Gesellschaft und in verschiedenen Gruppen zu integrieren. Jede Gruppe kann dabei unterschiedliche Werte vertreten.

So ist es letztlich auch bei Unternehmen, die je nach Konzept oder Ideen ebenfalls verschiedene Werte vertreten werden. Stimmen diese nicht mit den Wertvorstellungen der Führungskraft überein, kann das schnell zu Problemen führen.

Gerne wird in diesem Kontext von **weitverbreiteten Wertvorstellungen** gesprochen.

Zu diesen Werten gehört beispielsweise

- Liebe
- Spaß
- Ordnung
- Toleranz
- Ehrlichkeit
- Nächstenliebe
- Gerechtigkeit etc.

Immer wenn etwas nicht nach unseren Wertvorstellungen läuft, dann fühlen wir uns unwohl und möchten am liebsten etwas an der Situation verändern. Das ist beispielsweise dann der Fall, wenn jemand vor den eigenen Augen etwas klaut, man selbst aber nach den eigenen Wertvorstellungen niemals etwas klauen würde. Viele unserer Werte werden in der Regel von unseren Eltern übermittelt und diese verankern sich in unserem Gedächtnis sehr tief.

Werte können jedoch auch von der Religion und der Gesellschaft in der wir leben vermittelt werden. Wir spüren ziemlich schnell, mit welchem Verhalten wir eine positive Wirkung erzielen können. Das wird beispielsweise durch Lob und Zuwendung gezeigt. Bei Bestrafung hingegen wird uns klar, dass dieses Verhalten nicht gewünscht ist. Am Ende macht ein Vorgesetzter nichts anderes und zeigt durch sein Verhalten sehr deutlich, welche Werte er vertritt und was gut geheißen wird und was nicht.

Wir merken uns mit der Zeit gezielt, welche Werte wir gerne verwirklichen möchten, weil sie uns weiterbringen. Die meisten Menschen machen sich jedoch nicht bewusst über dieses Thema Gedanken. Daher ist es an der Zeit, sich selbst zu fragen, welche Werte man eigentlich vertritt.

Wenn man sich darüber vorher noch keine Gedanken gemacht hat, kann das durchaus eine schwierige Aufgabe sein. Dabei sollte alles aufgeschrieben werden was einem in den Sinn kommt.

Man kann sich auch gezielt eine Liste mit verschiedenen Wertvorstellungen anschauen und dann überlegen, wie sehr man sich mit der einzelnen Wertvorstellung identifizieren kann. Ist Gerechtigkeit wirklich so wichtig oder fühlt man sich eher mit anderen Werten verbunden?

So kommt es, dass jeder Mensch unterschiedliche Werte hat, denen mehr oder weniger bewusst gefolgt wird. Es kommt also nicht vor, dass wir wirklich wertfrei handeln. Bereits bei unseren Gedanken spielen die Wertvorstellungen eine entscheidende Rolle und transportieren unsere Werte und beeinflussen damit direkt unsere Entscheidung. Das passiert meist direkt im Unterbewusstsein.

Einige unserer Wertvorstellungen können durchaus auch miteinander in Konkurrenz stehen, da nicht alle Werte zusammenpassen. Die gute Nachricht ist, dass unsere Werte nicht in Stein gemeißelt sind. Sie können verändert werden. Das passiert in der Regel nicht von heute auf morgen, geschieht aber in jedem Fall im Laufe unseres Lebens. So ist es einem in jungen Jahren vielleicht noch wichtiger viel Geld zu verdienen und Karriere zu machen. Diese Wertvorstellung nimmt im Laufe der Jahre aber ab und es wird uns wichtiger, an der eigenen Gesundheit zu arbeiten anstatt immer wieder hart arbeiten zu müssen. In dieser Hinsicht können sich die Werte also verändern.

Daher sollte man sich intensiv über die eigenen Werte Gedanken machen. Jeder Mensch vertritt andere Wertvorstellungen und das ist auch gut so. Jedoch sollten diese als Führungskraft bekannt sein. Der erste Schritt ist tatsächlich, sich dieser Wertvorstellungen bewusst zu werden und diese gezielt aufzuschreiben. Auch später kann es nützlich sein, hin und wieder einen Blick auf die Liste zu werfen und zu entscheiden, ob sich einige der benannten Werte vielleicht schon verändert haben.

Sind die eigenen Werte bekannt, kann relativ schnell entschieden werden, ob ein Unternehmen geeignet ist oder nicht. Natürlich können sich Wertvorstellungen auch annähern, sind sie jedoch gänzlich verschieden, macht eine Zusammenarbeit meist wenig Sinn.

Es wird nicht möglich sein, alle eigenen Werte mit einem Mal zu erkennen und aufschreiben zu können. Dafür sind unsere Wertvorstellungen zu tief verankert und werden unterbewusst angewandt. Daher kann es zum Kennenlernen der eigenen Werte sehr hilfreich sein, wenn man Freunde und Familie befragt und dort gezielt nach den Werten nachfragt, die mit der eigenen Person verbunden werden. So erhält man ein Bild von Außenstehenden und kann abgleichen inwiefern die eigenen Einschätzungen mit anderen Meinungen zusammenpassen.

Dabei darf man gerne jede Wertvorstellung hinterfragen und überlegen wie wichtige der jeweilige Wert wirklich ist. Wenn wir die eigenen Wertvorstellungen kennen, dann wird es uns in Zukunft leichter fallen Entscheidungen zu treffen. Das spielt als Führungskraft eine sehr wichtige Rolle und sollte daher nicht vernachlässigt werden.

Hinzu kommt, dass bekannte Wertvorstellungen uns dabei helfen können Prioritäten zu setzen. Das gilt vor allem in stressigen Situationen, wo schnell eine Entscheidung getroffen werden muss. Gleichzeitig können wir besser die Zeit einteilen. Uns bekannte Werte sorgen aber auch dafür, dass wir selbst zufriedener werden können, weil wir die eigenen Wertvorstellungen gezielt erfüllen können. Gleichzeitig haben wir so die Möglichkeit, unsere wichtigsten Lebensziele zu erfüllen und einen Sinn für unser Leben zu finden. Das mag banal klingen, kann aber eine großartige Hilfe darstellen, wenn man sich hinsichtlich der eigenen Persönlichkeit noch etwas unsicher sein sollte.

Wenn die eigenen Wertvorstellungen bekannt sind, sind wir daher schon einen ganz großen Schritt weiter zu einer guten Führungspersönlichkeit, aber auch zu einem erfolgreichen Menschen.

Die eigenen Werte im Führungsstil integrieren

Am Ende ist es die größte Kunst, die eigenen Wertvorstellungen sinnvoll im Führungsstil zu integrieren. Das ist gar nicht so einfach, weil nicht alle Werte in der Rolle als Vorgesetzten auch eine Rolle spielen. Daher kann es sinnvoll sein, zunächst alle Werte zu notieren, die auch im Unternehmen wichtig sind.

- Gibt es Werte, die so gar nicht mit den eigenen Vorstellungen und dem Unternehmen übereinstimmen?
- Kann auf diese Wertvorstellungen mehr oder weniger verzichtet werden oder sind diese einfach zu wichtig?

Dann sollte überlegt werden, ob es Sinn macht, in dem betreffenden Unternehmen die Führung zu übernehmen.

In den allermeisten Fällen stehen die eigenen Werte und die des Unternehmens nicht in Konkurrenz miteinander. Dann gilt es nur noch die eigenen Werte in den Führungsstil zu integrieren. Das bedeutet nichts anderes, als dass die Werte genauso weitergegeben werden sollten, wie es selbst gehandhabt wird. Wenn es eine der Wertvorstellungen ist, dass respektvoll miteinander umgegangen wird, dann sollte dieser Wert nicht nur an das Team weitergegeben werden, sondern genauso gelebt werden. Das ist sehr wichtig, damit man selbst authentisch bleibt. Werte sind nur dann richtige Werte, wenn sie auch als solche verkörpert werden.

Die eigenen Werte lassen sich sonst jedoch sehr leicht in den Führungsstil integrieren. Das sollte in der Regel schrittweise passieren, um zu überprüfen, wie die Mitarbeiter mit den vermittelten Wertvorstellungen umgehen. Dabei sollte bei jeder Wertvorstellung überprüft werden, wie wichtig diese ist und ob sie langfristig durchgesetzt werden kann. Das ist für die Glaubhaftigkeit ebenfalls sehr wichtig.

Zudem ist es nicht hilfreich zu viele Werte auf einmal zu integrieren. Dann stehen die einzelnen Werte schnell in Konkurrenz miteinander.

Jeder Führungsstil lässt sich individuell anpassen, sodass auch Platz für die eigenen Werte vorhanden ist.

Diese sollten unbedingt integriert werden, um der Führung eine individuelle Note zu verleihen.

Auch wenn sich Werte im Laufe der Zeit verändern sollten, ist es wichtig, dass deren Umstellung immer langsam erfolgt, damit sich das gesamte Team daran gewöhnen kann. Möglichst feststehende Werte hingegen vermitteln Sicherheit und die Mitarbeiter wissen, woran sie sind. Bestenfalls übernehmen sie die Werte ebenfalls.

Am Ende ist es unerlässlich auch eigene Werte als Vorgesetzter zu transportieren, da ohnehin nie wertfrei gehandelt werden kann. Umso wichtiger ist es, gezielt einige Wertvorstellungen zu vermitteln und diese dann gezielt durchzusetzen. Dazu kann es nützlich sein, die einzelnen Werte zu notieren, damit diese nicht in Vergessenheit geraten. Jede Führungskraft sollte sich regelmäßig an die eigenen Werte erinnern.

Werte spielen in jedem Unternehmen eine entscheidende Rolle. Wer die eigenen Wertvorstellungen kennt und diese integrieren kann, ist bereits einen großen Schritt weiter.

Selbstbewusst auftreten ist nicht immer leicht

Selbstbewusstes Auftreten ist für eine Führungskraft mehr als sicher, um auch in schwierigen Situationen die Kontrolle behalten zu können und sich zu behaupten. **Am Ende ist ein sicheres und souveränes Auftreten sogar ein wesentlicher Erfolgsfaktor**.

Dabei steht oft der Wunsch im Raum der Situation gewachsen zu sein und eine ruhige und sichere Ausstrahlung nach außen zu haben.

- Doch kann das überhaupt jedem Menschen gelingen?

Tatsächlich ist es gar nicht einfach souverän zu reagieren. Uns Menschen sieht man sehr schnell an, wenn wir uns in einer Situation unsicher fühlen und eben nicht souverän sind. Unsere Körpersprache spricht dabei Bände und zeigt mehr als deutlich was für fühlen.

Wenn langjährige Führungskräfte befragt werden, dann antworten diese ganz oft, dass für Souveränität ganz einfach Erfahrung und Routine gefragt sind. So kennt man die meisten beruflichen Situationen bereits und lässt sich nicht mehr aus der Ruhe bringen und kann besonnen und souverän reagieren.

Doch es kann auch passieren, dass die Mitarbeiter bei der Routine des Chefs eher den Eindruck gewinnen, er würde sowieso immer nach den gleichen Mustern handeln und dabei ein sehr großes Selbstvertrauen an den Tag legen. Ein weiterer Einwand ist, dass es inzwischen kaum noch möglich ist, in allen Bereichen die nötige Routine zu sammeln, weil es immer wieder neue Situationen gibt, die in einem anderen Kontext stehen. In dieser Hinsicht wirklich Erfahrung zu sammeln ist also gar nicht so einfach.

So kann es also passieren, dass man als Führungskraft souverän Auftreten muss, auch wenn man gerade gar keine Ahnung von den eigentlichen Fakten hat. Das ist jedoch eine sehr großes Herausforderung. Oftmals besteht eine kritische Situation, die gelöst werden muss. Dann braucht es keine Souveränität, sondern vielmehr den Mut, einfach irgendeine Entscheidung zu treffen.

Als Beispiel kann an dieser Stelle die Corona-Krise angeführt werden. Man kann noch so viele Jahre erfolgreich ein Unternehmen geführt haben. Als Corona kam, werden viele Führungskräfte nicht mehr so souverän gewesen sein und hatten plötzlich mit ganz neuen und nie da gewesenen Problemen zu kämpfen. Aus diesem Grund ist es gar nicht so leicht immer souverän aufzutreten. Unter Umständen ist dies jedoch auch gar nicht notwendig.

Daher ist es sinnvoll zu sagen, dass Souveränität auch immer eine Frage der Persönlichkeit ist. Das bedeutet aber wiederum auch, dass es nicht ein allgemeingültiges Rezept gibt, mit dem Souveränität erreicht werden kann. Hinzu kommt, dass jeder Mensch andere Vorstellungen von jemandem hat der souverän ist. Das Verhalten eines souveränen Menschen kann durchaus sehr unterschiedlich sein und das wird individuell verschieden bewertet.

So sind viele der Auffassung, dass souveräne Führungskräfte vor allem schlagfertig sein müssen. Wenn es in einer Situation um Stocken kommt und es kritische Fragen gibt, dann hat ein souveräner Vorgesetzter stets eine sehr gute Antwort parat mit der niemand gerechnet hätte. Die Argumente sind so gut, dass das Team gar nicht weiß, was es darauf antworten soll.

Wie bereits angesprochen zeigt sich unser Verhalten außerdem sehr stark in unserem Körper. Dazu zählt auch das äußere Erscheinungsbild. Damit jemand souverän auftreten kann, muss er entsprechend gekleidet sein. Das ist ein Aspekt, der von jedem sehr leicht erfüllt werden kann. Hinzu kommt dann eine aufrechte Körperhaltung. Auch diese Haltung kann ganz einfach geübt werden, auch wenn man sich in der Situation selbst gar nicht so sicher fühlt. Nach außen hin wird dann aber überzeugend etwas anderes transportiert. Am Ende ist die Körperhaltung für die Einschätzung des Gegenüber mehr als entscheidend.

Gleichzeitig sollte ein Ziel klar formuliert werden. Das nimmt dem Gegenüber dann vielleicht schon ein wenig den Wind aus den Segeln. Schwitzen, Errötung, Zittern, Augenzucken und eine raue Stimme sind weitere Indizien, die eher für Unsicherheit sprechen. Welcher dieser Aspekte bei einem selbst zutreffen könnte, muss individuell getestet werden.

Einigen Personen merkt man die Aufregung gar nicht an, während andere mehr als deutlich in der Körpersprache zeigen, dass sie gerade nervös sind.

Lampenfieber hingegen ist ganz normal und kann für unseren Körper sogar wichtig sein. Es sorgt dafür, dass wir genügend mit Adrenalin versorgt werden und so entsprechende Leistungen vollbringen können. Lampenfieber und eine wirkliche Angst vor der Situation müssen also klar voneinander unterschieden werden. Am Ende ist es eine Kunst auch in schwierigen Situationen souverän aufzutreten. Dabei hilft nicht die Erfahrung als solche, sondern vielmehr Übung.

Man kann als Vorgesetzter dann in unangenehmen und unbekannten Situationen souverän reagieren, wenn man oft genug in solchen Situationen war und daher weiß, dass man die Situation auch ohne großes Wissen beherrschen kann. Diese Selbstsicherheit muss jedoch erst einmal vorhanden sein. Es ist ganz normal, wenn man zu Beginn nicht in allen Situationen souverän ist. Das fordert jedoch auch niemand. Entscheidend ist nur, wie häufig das Verhalten auftritt. Wenn eine Führungskraft bei jeder noch so kleinen Diskussion eher nicht souverän und nervös auftritt, dann kann das das Vertrauen der Mitarbeiter beeinflussen.

Gleichzeitig sollte man jedoch auch nicht so überheblich und selbstbewusst wirken, weil sich das wiederum wieder negativ auf die persönliche Bewertung des Teams auswirken kann. Man sollte also stets freundlich und gleichzeitig souverän bleiben. Die Situationen selbst müssen ganz einfach geübt werden. Zudem gibt es spannende Fortbildungen und Seminare, in denen gezielt an der eigenen Körpersprache gearbeitet wird. So wirkt man nach außen völlig ruhig und kontrolliert, auch wenn man innerlich vielleicht aufgeregt ist. Am Ende kann das das erklärte Ziel sein.

Den Mitarbeitern reicht es in der Regel aus, wenn sie nach außen hin souverän wirken, die inneren Befindlichkeiten spielen dabei kaum eine Rolle. Wie souverän jemand auftreten kann, hängt jedoch auch immer von der eigenen Persönlichkeit ab. Einigen fällt das leichter und anderen wiederum wesentlich schwerer. Geübt werden kann es in einigen Komponenten auf jeden Fall. Am Ende ist entscheidend, wie oft man selbst schon in solchen unbekannten Situationen war.

Diese sollten daher nicht gemieden, sondern bewusst als Chance zum Üben verwendet werden.

Dennoch stimmt es, dass souveränes Auftreten letztlich nicht immer leicht ist und keiner Führungskraft auf dieser Welt in jeder Situation gelingen wird. Aus diesem Grund muss man gar nicht beunruhigt sein, wenn Souveränität nicht immer möglich ist. Sie sollte angestrebt werden, ist aber nicht zwangsläufig erforderlich.

Den eigenen Führungsstil festlegen

Großartige Vorbilder in Sachen Führung dürften jedem Menschen bekannt sein. **Sehr gute Führungskräfte sorgen dafür, dass andere Menschen bewegt werden Dinge zu tun und das Veränderungen möglich sind**. Doch jeder Mensch ist individuell verschieden und ihn machen andere Dinge aus.

Umso wichtiger ist es, den eigenen Führungsstil festzulegen, wenn es um Führung geht. Der eigene Führungsstil ist grundsätzlich die Art und Weise, wie andere Menschen im Team motiviert werden Dinge zu tun und bestimmte Pläne umzusetzen. Der Führungsstil entscheidend letztlich auch darüber, wie andere Menschen einen wahrnehmen werden und wie erfolgreich das Unternehmen sein kann.

Doch damit man sich auf einen eigenen Führungsstil festlegen kann, muss man zunächst wissen, was es überhaupt für Führungsstile gibt. Kurt Lewin hat damals drei Hauptstile voneinander unterschieden, auf die wir näher eingehen werden. Aus diesen drei Führungsstilen haben sich mit der Zeit noch viele weitere Variationen gebildet. Die drei Stufen bilden daher sozusagen die Basis.

Autokratische Führung:

Bei dieser Art von Führung werden Entscheidungen von dem Vorgesetzten völlig allein getroffen. Dabei spielen die Meinungen des Teams bei der Entscheidungsfindung keine Rolle. Gleichzeitig ist der Chef ziemlich streng und erwartet von seinen Mitarbeitern, dass diese sich ausnahmslos an die festgelegten Regeln und Entscheidungen halten. Der autokratische Führungsstil macht vor allem dann Sinn, wenn schnelle Entscheidungen getroffen werden müssen. Geht es jedoch eher darum, teamorientiert an Lösungen zu arbeiten, stößt der autokratische Führungsstil sehr schnell an seine Grenzen.

Demokratische Führung:

Dieser Führungsstil berücksichtigt die Ideen und Hinweise des Teams und trifft erst dann eine Entscheidung. So bekommen die Mitarbeiter das Gefühl, dass sie wertgeschätzt werden und sie für den Vorgesetzten eine wichtige Rolle spielen. Bein treffen schneller Entscheidungen kann sich dieser Führungsstil jedoch als eher nachteilig herausstellen, da die Findung einer guten Entscheidung zu lange dauern könnte. Es macht daher nicht Sinn, bei jeder Entscheidung das gesamte Team nach der Meinung zu fragen. Das gilt besonders bei einfachen Entscheidungen.

Laissez-faire-Führung:

Zuletzt gibt es noch die Laissez-faire-Führung. Bei diesem Stil wird den Mitarbeitern die größte Freiheit geboten. Mitarbeiter haben viele Möglichkeiten und dürfen über Arbeitsabläufe und die Einhaltung von Fristen selbst entscheiden. Vorgesetzte mischen sich nur dann ein, wenn Ressourcen oder Unterstützung benötigt werden. Ansonsten nehmen sie jedoch eher eine beobachtende Rolle ein und sind nicht direkt beteiligt.

Diese Art von Führung kann dann zu einer großen Zufriedenheit im Team führen, wenn bereits eine große Vertrauensbasis auf beiden Seiten besteht. Zudem muss jeder Mitarbeiter verantwortungsbewusst die eigenen Aufgaben übernehmen und dabei motiviert sein. Wenn das Team selbst nicht strukturiert ist, dann kann es schnell zu einem Chaos kommen, in dem nicht mehr effektiv gearbeitet werden kann.

Neben diesen drei alten bekannten Führungsstilen gibt es auch die Unterteilung in fünf emotionale Führungsstile. Diese werden deshalb so bezeichnet, weil sie effektiv die Emotionen der Teammitglieder beeinflussen können. Visionäre Vorgesetzte haben z.B. immer das Ganze im Blick und helfen dem Team dabei Veränderungen voranzutreiben. Sie organisieren verschiedene Gruppen, um dann Entscheidungen treffen zu können. Sie sind zudem sehr inspirierend und können große Veränderungen für die Gesellschaft auslösen. Dann gibt es den Coach, der sehr gut darin ist, die Schwächen und Stärken des Teams zu erkennen und mit jedem Einzelnen an persönlichen Verbesserungen zu arbeiten. So soll am Ende dem gesamten Team zu Wachstum verholfen werden.

Der Partner hingegen versucht die Harmonie im gesamten Team aufrechtzuerhalten und sorgt dafür, dass einzelne Arbeitsabläufe reibungslos funktionieren können. Einzelne Mitarbeiter sollen sich miteinander verbinden und dafür sorgen, dass eine angenehme Arbeitsatmosphäre entsteht. Das Management kann bei dieser Art von

Führung jedoch schnell auf die Strecke geraten.

Bei der Schrittmacherei geben die Führungskräfte vor, in welchem Tempo gearbeitet wird. Sie erwarten, dass das Team den Entscheidungen folgt und einzelne Mitarbeiter zur Rechenschaft gezogen werden, wenn etwas nicht so funktioniert wie geplant. Wenn ein bereits vollständig ausgebildetes Team vorhanden ist, kann diese Art von Führung sinnvoll sein, dass gilt jedoch nicht, wenn eher mit Anfängern und unsicheren Personen gearbeitet wird.

Der Kommandant hingegen gibt Kommandos und ist dabei sehr deutlich und kontrollierend. Dabei spielen die Meinungen des Teams keine Rolle und es werden Entscheidungen über alle Köpfe hinweg getroffen. Dennoch soll immer ein bestimmtes Ziel erreicht werden, wofür ein motiviertes Team erforderlich ist.

Neben den genannten Führungsstilen gibt es noch eine Reihe weiterer Führungsstile, die ebenfalls Berücksichtigung finden müssen. Am Ende ist es gar nicht leicht, sich im Dschungel der vielen Stile zurechtzufinden und vor allem eine Beurteilung darüber zu treffen, welcher Stil am besten geeignet ist.

Doch wie kann nun der eigene Führungsstil festgelegt werden? Am Ende muss man sich entscheiden, nach welchen Kriterien die Führung durchgeführt werden soll. Letztlich ist ein Führungsstil immer dann erfolgreich, wenn er für die Mitarbeiter authentisch, berechenbar und nachvollziehbar ist. Das kann je nach Team durchaus auch ein anderer Stil sein. Es sollte also immer der Unterschied zwischen den persönlichen Vorstellungen zum Führungsstil und dessen des Team gemacht werden.

Erfolgreiche Führungskräfte zeichnen sich unter anderem dadurch aus, dass sie ihren Stil den Bedürfnissen der Mitarbeiter, den betrieblichen Rahmenbedingungen und vom eigenen Charakter abhängig machen.

An dieser Stelle sollte festgehalten werden, dass es nicht den einen richtigen Führungsstil gibt, der auf jeden Fall funktionieren wird. Wie oben zu lesen ist, bringt jeder Stil seine Vor- und Nachteile mit sich. Dabei entscheidend das Team.

Bei der Wahl des Führungsstil sollte äußerst vorsichtig vorgegangen werden, weil dieser maßgeblich entscheidend darüber sein kann, wie erfolgreich das Unternehmen ist und wie hoch die Zufriedenheit der Mitarbeiter sein wird. Der passende Führungsstil macht Mitarbeiter zufriedener, motivierter und engagierter. So wächst auch die Arbeits- und Ergebnisqualität des gesamten Teams. Ob der Führungsstil nun autokratisch, demokratisch, hierarchisch, charismatisch, integrierend, situativ, patriarchalisch, kooperativ oder laissez-faire sein soll, entscheidet jeder für sich selbst.

Um den richtigen Stil zu finden ist es leider nicht hilfreich jeden von ihnen durchzugehen und zu überlegen, ob dieser der richtige Stil für das Team sein könnte. Es ist auch gar nicht erforderlich, dass alle Führungsstile bekannt sind, dass ist wohl kaum möglich. Wichtig ist es dennoch, sich an einem bestimmten Stil zu orientieren. Dieser muss jedoch nicht zwangsläufig in jeder Situation umgesetzt werden. Ob der ausgewählte Führungsstil passt, hängt von der Arbeit und den Aufgaben ab und davon, welche Mitarbeiter im Team vorhanden sind und wie die Charaktere aussehen. Zudem spielt natürlich auch der persönlich favorisierte Führungsstil eine Rolle.

Um herauszufinden, welcher Führungsstil persönlich bevorzugt wird, kann es hilfreich sein, sich einzelne Stile anzuschauen und in sich hineinzuhorchen, mit welchem Stil man selbst am meisten konform gehen kann. Dabei dürfen auch gerne 2-3 Stile notiert werden, die alle gleichermaßen in Frage kommen.

Dann spielen die Mitarbeiter im Team eine Rolle.

- Sind es Mitarbeiter die gerne selbst freie Entscheidungen treffen oder müssen diese eher an die Hand genommen werden?

- Freuen sie sich darüber, wenn sie ebenfalls ihre Meinung sagen dürfen oder sind ohnehin schnelle Entscheidungen erforderlich, die kaum Zeit zu denken lassen?

Diese Faktoren spielen eine entscheidende Rolle. Wenn die Mitarbeiter sehr unterschiedlich sind, kann es sogar empfehlenswert sein, den Führungsstil je nach Mitarbeiter etwas anzupassen, um eine Balance herstellen zu können.

Zuletzt spielen die Aufgaben selbst eine wichtige Rolle. Wenn es kreative Aufgaben sind, muss unter Umständen viel diskutiert werden, während es bei Routineaufgaben meist um klare Entscheidungen geht, die nicht viel Zeit benötigen.

All diese Kriterien sollten bei der Entscheidung des Führungsstils einbezogen werden. Selbst wenn der perfekte Führungsstil erst im Laufe der Zeit gefunden wird, stellt das kein größeres Problem dar. Wichtig ist nur, dass zwischen den einzelnen Stilen nicht immer wieder gewechselt wird.

Effektiv und fokussiert führen

Neben dem richtigen Führungsstil ist es in einem Unternehmen enorm wichtig effektiv und fokussiert zu führen.

Wer den Fokus verliert, der fokussiert sich oft auch auf die unwichtigen Dinge, die jedoch nicht zum Erfolg führen werden.

Aus diesem Grund müssen Fokus und Effektivität immer wieder im Vordergrund stehen.

- Doch wie genau kann man nun effektiv und fokussiert führen?
- Was muss dabei beachtet werden?

Es ist klar, dass es als Führungskraft schlichtweg unmöglich ist, sich auf alle Bereiche konzentrieren zu können. Stattdessen sollte die vorhandene Energie lieber auf eine Sache gerichtet werden. Wer sich fokussiert, richtet den Blickwinkel auf ein bestimmtes Ziel und widmet diesem Ziel all seine Kraft und Energie. Damit soll sichergestellt werden, dass dieses Ziel am Ende in jedem Fall erreicht wird. Natürlich darf dennoch nicht mit Scheukappen durchs Leben gegangen werden, sodass z.B. andere schwerwiegende Probleme einfach ignoriert werden.

Fokussierung ist vor allem für die Zielerreichung erforderlich. Viele Führungskräfte fokussieren sich jedoch nicht auf das Wesentliche, sondern verzetteln sich dann schnell.

Um den Fokus zu behalten ist es wichtig, sich an Prinzipien wie dem Pareto-Prinzip zu orientieren. Demnach ist es möglich in 20 Prozent der zur Verfügung stehenden Zeit 80 Prozent der Aufgaben erledigt zu haben. Wichtig ist es daher, Aufgaben zu priorisieren und unter Umständen auch unwichtigere Aufgaben an die Mitarbeiter abzugeben. Um fokussiert bleiben zu können ist körperlich gesehen auch genügend Schlaf erforderlich. Nur so kann das Gehirn sich überhaupt ausreichend konzentrieren.

Aktionismus ist nicht das Gleiche wie fokussieren. Wer sich fokussiert, macht nicht viel, sondern einfach das Wichtige und Richtige. Dabei kann ein Blick auf die To-Do-Liste helfen. Das erscheint am Wichtigsten und sollte daher als Erstes erledigt werden?

Für den Fokus bei der Arbeit spielt Ruhe zudem eine wichtige Rolle. Kleine Geräusche können schon dafür sorgen, dass die Konzentration immer wieder verloren geht. Daher sollte für das gesamte Team eine ruhige Arbeitsatmosphäre geschaffen werden. Das gilt vor allem für anspruchsvolle Aufgaben. Pausen werden immer gerne vergessen, sind aber mindestens genauso wichtig für den Fokus. Ansonsten nimmt die Konzentration früher oder später ab.

Legen Sie den Fokus immer auf die Effektivität bei der Führung. Welches Ziel bringt das Team gerade am meisten voran? Kleinigkeiten sollten nicht aufhalten und möglichst wenig Zeit einnehmen. Die meisten Vorgesetzten müssen zu Beginn erst lernen, den Fokus nicht zu verlieren und z.B. nicht ständig neue Ideen einzustreuen, die dann wiederum für Unruhe sorgen können. Erst wenn eine wichtige Aufgabe abgeschlossen ist, sollte mit der nächsten begonnen werden.

Wie Sie aus Niederlagen lernen

Niederlagen kennt jeder von uns. Sie sind bitter, lassen sich aber einfach nicht vermeiden. Manchmal scheitern sogar große Projekte und meist wird die Führungskraft am Ende für das Scheitern verantwortlich gemacht. Doch sind Niederlagen wirklich schlimm? So manch einer dürfte jetzt mit „Ja“ antworten. Doch diese Aussage ist nicht ganz richtig, denn am Ende kommt es vor allem darauf an, ob aus Niederlagen gelernt wird.

Wenn aus Niederlagen ein Nutzen gezogen werden kann, dann sind sie eigentlich gar nicht schlimm. Das ist gar nicht so einfach zu begreifen, wo der Erfolg für einen Vorgesetzten doch so wichtig ist. Niederlagen sind somit auch heute noch ein tabu. Eine Niederlage kann schnell dafür sorgen, dass das eigene Selbstbild in Frage gestellt wird.

Jeder scheitert im Leben mal. Das ist ganz normal, weil Fehler menschlich sind und uns von einer Maschine unterscheiden. Wer vor den eigenen Trümmern steht, sollte immer die Möglichkeit ergreifen und aus der Niederlage lernen.

Um überhaupt reflektieren zu können, ist es enorm wichtig, die Niederlage zuerst als solche hinzunehmen und dann aus den eigenen Fehlern lernen zu wollen. Dafür kann es helfen, wenn in Gedanken ein Schritt zur Seite gemacht wird. Dabei sollte die Situation aus einer neutralen Position betrachtet werden. Das hilft dabei die Niederlage aus einer emotionalen Distanz zu betrachten. So ist es einfacher, Fehler und ihre Ursachen zu erkennen. Das wiederum ist essentiell dafür, um in Zukunft eine erneute Niederlage vermeiden zu können.

Damit ein Scheitern beim nächsten Mal vermieden werden kann, sollten zudem einige Regeln beachtet werden. Es sollte immer das gemacht werden, was man selbst gut kann und auch gerne tut. Für Entscheidungen sollte sich so viel Zeit wie nötig genommen werden und einzelne Rückschläge dürfen nicht für Entmutigung sorgen.

Wer die Niederlage von außen heraus betrachtet, der wird schnell feststellen, was die eigentlichen Gründe dafür waren und wie sich ein erneutes Scheitern in Zukunft verhindern lassen kann.

Am Ende kann es enorm hilfreich sein, der Niederlage noch etwas Positives abzugewinnen. Vielleicht haben sich dadurch neue Chancen ergeben oder das Team wurde noch mehr zusammengeschweißt? Dabei sollte auch realistisch eingeschätzt werden, wie schlimm die Niederlage wirklich gewesen ist.

Die einzelnen Schritte können sehr dabei helfen die Niederlage zu verarbeiten. Das erste Ziel sollte jedoch sein, die Niederlage als solche überhaupt anzuerkennen. Auch das fällt vielen Menschen nicht leicht. Als erste Übung kann es auch helfen, vor dem Team offen darüber zu sprechen, dass das Vorhaben leider gescheitert ist. Erst dann kann aus den eigenen Fehlern auch gelernt werden, ohne sich selbst negativ zu beeinflussen. Es sollte keinesfalls am eigenen Selbstvertrauen gezweifelt werden, nur weil es eine Niederlage gegeben hat. Selbst den besten Führungskräften passieren Fehler. Sie wissen ganz einfach besser mit der Niederlage umzugehen und diese sogar für sich zu nutzen.

Ziele im Blick behalten

Mindestens genauso wichtig ist es für eine Führungskraft jedoch die eigenen Ziele im Blick zu behalten. Damit spielen nicht nur die eigenen Wertvorstellungen eine wichtige Rolle, sondern auch die damit verbundenen Zielvorstellungen. Jeder Vorgesetzter entwickelt früher oder später unternehmerische Ziele die verwirklicht werden sollen.

Auf der anderen Seite gibt es auch viele Unternehmen, die bereits Fallzahlen vorgeben, die unbedingt eingehalten werden sollen. So kann es im Vertrieb beispielsweise darum gehen, dass so und so viele neue Kunden akquiriert werden sollen. Wenn solche Zahlen bereits vom Unternehmen vorgegeben werden, dann sollte die Zielsetzung natürlich die Gleiche sein.

Um in erste Instanz Ziele zu entwickeln kann es sehr sinnvoll sein mit dem Team zu sprechen und herauszuhören, welche Ziele den Mitarbeitern besonders wichtig sind. Dann sollte ein Abgleich mit den Zielsetzungen der Führungskraft erfolgen. Damit die Ziele auch langfristig im Blick behalten werden können ist es sehr wichtig, diese zu festigen.

Es reicht bereits aus die Ziele aufzuschreiben, um diese besser im Blick behalten zu können. Am besten sollten die Ziele sogar offen ausgehängt werden, damit diese immer wieder ins Gedächtnis gerufen werden.

Letztlich kann ein Unternehmen nur dann erfolgreich sein, wenn Ziele umgesetzt werden. Bevor immer wieder neue Ziele definiert werden, sollten also erst einmal die alten Ziele erfüllt werden, um die Firma voranbringen zu können. Schritt für Schritt lautet hier das richtige Motto, um auch die Mitarbeiter am Ende nicht zu überfordern. Auch bei den Zielen kann es schnell passieren, dass der Blickwinkel verloren geht und man sich eher mit unwichtigen Dingen beschäftigt wird.

Das wiederum ist jedoch Gift für die Effektivität eines Unternehmens. Aus diesem Grund sollten die Ziele nach Möglichkeit anhand bekannter Methoden bestimmt werden. Dazu gehört unter anderem die Smart-Methode. Ziele sollen also smart sein. Das bedeutet, dass die Zielsetzungen nach bestimmten Kriterien aufgestellt werden sollten.

Zum einen müssen die Ziele spezifisch sein, sie sollten als genau genug benannt werden. Außerdem müssen sie messbar sein, sodass nach einer gewissen Zeit überprüft werden kann, ob der gewünschte Erfolg eingetreten ist. Nur dann macht es laut der Smart-Methode überhaupt Sinn ein Ziel zu verfolgen. Darüber hinaus müssen Ziele attraktiv sein. Sie sollten also so formuliert werden, dass es auch attraktiv erscheint das Ziel erreichen zu wollen. Das gilt für eine Führungskraft vor allem dann, wenn den Mitarbeitern ein bestimmtes Ziel vermittelt werden soll.

Ziele müssen aber auch realistisch formuliert sein. Auf die Motivation wirkt es sich extrem negativ aus, wenn Ziele nicht realistisch formuliert sind. Daher dürfen Ziele weder zu leicht noch zu schwer erreichbar sein. Hierbei sollte ein guter Mittelweg gefunden werden. Zuletzt spielt bei jedem Ziel auch die vorhandene Zeit eine Rolle. Es sollte immer ein Zeitraum benannt werden, in dem das jeweilige Ziel erreicht werden muss.

Wenn alle Kriterien der **SMART-Methode** erfüllt sind, dann handelt es sich um eine gute Zielsetzung, die dementsprechend auch gut umgesetzt werden kann. Die Methode hilft außerdem dabei, die Ziele im Blick zu behalten. Damit das umso besser gelingt, können sogar Zielvereinbarungen mit den Mitarbeitern geschlossen werden. So muss dann jeder Mitarbeiter beispielsweise ein Teilziel erreichen. Es ist dabei immer hilfreich, nicht nur das Gesamtziel im Blick zu haben, sondern sich auch mit den kleinen Teilzielen zu beschäftigen.

Bei jedem Ziel sollten also kleinere Zwischenziele definiert werden, die gemeinsam mit dem Team erreicht werden sollen. Das schafft mehr Motivation, weil so auch kleinere Ziele innerhalb des großen Ziels erreicht werden können. Inwiefern Teilziele Sinn machen, hängt jedoch auch immer mit der jeweiligen Gesamtzielsetzung zusammen.

Auf jeden Fall sind Ziele unerlässlich, um in einem Unternehmen Erfolg zu haben. Selbst wenn von ganz oben keine Ziele auferlegt werden, sollte sich das Team eigene Zielsetzungen machen. Nur so lassen sich Arbeitsprozesse am Ende messen und bewerten. Am Ende verrichtet jeder Mitarbeiter einfach seine Arbeit und Aufgabe der Führungskraft ist es, die Ziele im Auge zu behalten.

Auf der Führungsebene findet daher auch das wichtige Management statt. Die Führung hat die obersten Ziele immer im Blick und schaut auch in Anbetracht der zur Verfügung stehenden Zeit, ob die Ziele wie geplant erreicht werden können. Das ist besonders wichtig, weil die Mitarbeiter in der Regel keine Übersicht über die Gesamtziele haben. Evtl. muss nach einiger Zeit auch noch nachgesteuert werden und einige Ziele müssen schneller als geplant erreicht werden. Das muss wiederum spezifisch an die jeweilige Situation angepasst werden.

Ziele müssen sich aber nicht immer direkt mit Zahlen und direkten Erfolgen des Unternehmens beschäftigen, sondern können beispielsweise auch enthalten, dass das Team noch besser zusammenarbeiten möchte und ein besseres Miteinander entwickeln will. Auch das sind Ziele, die in jedem Fall verfolgt werden sollten. Am Ende sollte immer der Vorgesetzte über die gesetzten Ziele entscheiden und sich dabei mit seinen Mitarbeitern abstimmen. Unter Umständen darf dann jeder für sich selbst entscheiden, wie die Zielerreichung gewährleistet werden soll, dass hängt jedoch auch vom Team ab. Aus diesem Grund übernimmt der Chef an dieser Stelle auch eine kontrollierende Rolle.

Letztlich ist es besonders wichtig, dass alle Ziele im Blick behalten werden und keines am Ende vernachlässigt wird. Das liegt ganz klar im Aufgabengebiet des Vorgesetzten. In jedem Fall sollte bekannt sein, dass Ziele enorm wichtig für den Erfolg eines Unternehmens sind und daher angewendet werden sollte. Nach der SMART-Methode lassen sich Ziele auch ganz einfach selbst erstellen. Das erfordert meist etwas Übung. Wenn es mehrere Ziele gibt, sollten diese untereinander noch priorisiert werden, um sich stets auf die wichtigsten Zielsetzungen konzentrieren zu können. Ohne Ziele ist ein effektives Führen in der heutigen Zeit kaum noch möglich.

Mit schwierigen Mitarbeitern richtig umgehen

Leider funktioniert in der Realität nicht immer alles so, wie man es sich als Führungskraft gerne wünschen würde. Immer wieder wird es vorkommen, dass man als Chef auch mit schwierigen Mitarbeitern zu tun hat. Diese können aus ganz unterschiedlicher Hinsicht schwierig sein. Der Umgang mit schwierigen Mitarbeitern wird daher auch gerne als eine der herausforderndsten Führungsaufgaben bezeichnet. Wer diesen Stresstest besteht, ist auch auf Dauer sehr gut gewappnet.

Fakt ist auch, dass Kommunikation bei schwierigen Mitarbeitern Gold wert ist, weshalb es vor allem auf die gute und richtige Kommunikation ankommt.

Dafür ist es zunächst wichtig zu wissen, was eigentlich mit einem schwierigen Mitarbeiter gemeint ist. Diese können ganz unterschiedliche Indizien haben und lassen sich daher nicht eindeutig beschreiben.

Grundsätzlich lässt sich jedoch festhalten, dass schwierige Mitarbeiter sich meistens respektlos verhalten und dabei aufmüpfig sind, dass gilt im Kontext zu anderen Kollegen und zum Vorgesetzten. Außerdem halten diese sich oftmals nicht an zeitliche Vereinbarungen und kommen auch gerne mal zu spät. Sie sind oft krank und bleiben auch lieber mal einen Tag Zuhause, anstatt arbeiten zu gehen. Meistens ist für die häufigen Erkrankungen kein Grund erkennbar.

Schwierige Mitarbeiter jammern außerdem sehr viel und reden sehr viel negativ und ziehen andere Mitarbeiter damit auch gerne runter. Zudem sind sie unzuverlässig und halten sich nicht an getroffene Vereinbarungen. Es entsteht immer wieder der Eindruck, dass sie das machen was sie möchten und Anweisungen nicht Folge geleistet wird. Schwierige Mitarbeiter arbeiten z.B. oft auch nur auf einem absoluten Minimum und geben kein Stück mehr für das Unternehmen. Meistens wird auch destruktiv gehandelt, weshalb Handlungsabläufe und Arbeitsprozesse eher blockiert und sabotiert werden als das konstruktive Ideen und Vorschläge eingebracht werden.

Umso mehr der vorher genannten Kriterien zustimmen, desto höher ist die Wahrscheinlichkeit, dass es sich um einen schwierigen Mitarbeiter handelt.

Es gibt verschiedene Typen von schwierigen Mitarbeitern, die jeweils unterschiedlich behandelt werden müssen. Einige mögliche Typen sind:

- Jasager
- Besserwisser
- Giftzwerge
- Neinsager
- Schönredner
- Gewohnheitsjammerer

Wenn schwierige Mitarbeiter im Unternehmen vorhanden sind, dann sollten mehrere Fragen beantwortet werden, noch bevor es zu einem ersten Gespräch kommt.

- Seit wann ist der betreffende Kollege im Unternehmen?
- Hat dieser sich im Laufe der Zeit verändert?
- Wenn es Veränderungen gegeben hat, wie sehen diese aus?

Am besten ist es, wenn sogar schon Ursachen für die Veränderungen benannt werden können.

- Zwischen wem bestehen die Spannungen genau?
- Kommt nur die Führungskraft mit dem Mitarbeiter nicht zurecht oder sind es auch die Kollegen, die mit der einen Person Probleme haben?
- Zu was für Schwierigkeiten kommt es dabei?
- Kommt das Verhalten nur bei bestimmten Prozessen zum Einsatz?

Alle Fragen sollten vorher gut beantwortet werden, um ein objektives Bild von den Problemen zeichnen zu können. Manchmal ist die Lösung zum Problem näher als gedacht, weil es eine relativ offensichtliche Ursache für das Verhalten gibt. Es kommt immer wieder vor, dass Mitarbeiter schlichtweg auf der falschen Position sitzen. Sie können ihre Stärken nicht gezielt einsetzen und sind daher mit der aktuellen Situation nicht zufrieden. Wenn es an der falschen Position liegt, kann in jedem Fall ein klärendes Gespräch helfen, in dem offen über die Probleme gesprochen werden sollte.

In diesem Fall kann nicht von einem schwierigen Mitarbeiter gesprochen werden, da sich sein Verhalten sofort ändert, wenn er auf der richtigen Position sitzt.

Besonders problematisch ist, dass schwierige Mitarbeiter für ein schlechtes Betriebsklima sorgen.

Früher oder später steckt der Mitarbeiter durch das ständige Meckern und Jammern auch die anderen Kollegen an. Als Führungskraft ist man den Problemen jedoch nicht schutzlos ausgesetzt.

Im ersten Schritt sollte eine Führungskraft immer versuchen sich selbst zu reflektieren und zu überlegen warum der Mitarbeiter genau als schwierig eingestuft wird. Somit sollten so viele Beobachtungen und Fakten wie möglich gesammelt werden. Diese können letztlich auch dabei helfen später ein konstruktives Gespräch zu führen. Als Vorgesetzter ist man dafür verantwortlich, Konflikte in einem Team mit Bedacht und Konsequenz zu lösen. Dabei sollte immer versucht werden eine neutrale Haltung einzunehmen.

Ein Vorgesetzter darf sich dabei niemals von den eigenen Gefühlen leiten, sondern muss auch mit schwierigen Mitarbeitern besonnen und neutral sprechen. Wenn der erste Schritt der Selbstreflexion abgeschlossen ist, dann sollte im nächsten Schritt ein Perspektivwechsel durchgeführt werden. Der Chef sollte sich dabei bewusst in die Lage des Mitarbeiters versetzen, um die Dinge aus seiner Sicht verstehen zu können.

- Was könnte der Mitarbeiter denken und was sind seine Wünsche und Bedürfnisse?
- Was fühlt dieser Mensch und was für Sorgen oder Ängste könnten vorhanden sein?
- Gibt es vielleicht persönliche Probleme die ebenfalls eine Rolle spielen könnten?

Es ist ganz normal, dass es einem sehr schwerfällt, sich in jemanden anderes hineinzuversetzen. Deshalb ist es wichtig, die eigenen Emotionen so gut wie möglich abzuschirmen. Dieser Schritt darf auch nur dann ausgeführt werden, wenn man selbst gerade ruhig und entspannt ist.

Als letzter Schritt kann dann das Gespräch mit dem schwierigen Mitarbeiter erfolgen.

Die vorherigen Schritte sollen auf das Gespräch vorbereiten, damit dieses so reibungslos wie möglich stattfinden kann. Egal um was für einen schwierigen Mitarbeiter es sich handelt, ein Gespräch ist immer zielführend und kann hilfreich sein. Damit das funktioniert, muss das Gespräch jedoch konstruktiv und sicher geführt werden. Damit sich in Zukunft etwas verändern kann, sollte ein gemeinsames Gespräch zielführend sein. Ein ehrlicher Austausch unter vier Augen bietet beiden Seiten wertvolle Chancen.

Im besten Fall steht am Ende des Gesprächs fest, dass es einen gemeinsamen Weg für die Zukunft gibt und es können eventuelle Problemfelder geklärt werden. Dafür sollte ein Vorgesetzter in der Lage sein ein gutes Mitarbeitergespräch zu führen. Das Gespräch sollte immer positiv begonnen werden und eine Kommunikation über Ich-Botschaften macht Sinn, damit der schwierige Mitarbeiter sich nicht angegriffen fühlt. Der Mitarbeiter soll ausführlich die Chance erhalten sich offen zu äußern. Gleichzeitig sollte der Vorgesetzte jedoch auch kein Blatt vor den Mund nehmen und die Problemlage offen schildern. Zudem sollte kommuniziert werden, was für Erwartungen es in Zukunft gibt.

Ziel ist es, dass das Gespräch gut endet und eine Verabredung für die Zukunft getroffen werden kann. So kann der schwierige Mitarbeiter vielleicht einen anderen Weg einschlagen und es kommt zu einem verbesserten Arbeitsklima in Zukunft. Es kann jedoch auch immer passieren, dass die Gespräche nicht helfen und eine oder beide Seiten eine Kündigung anstreben. Der erste Versuch sollte jedoch immer in die Richtung gehen, den schwierigen Mitarbeiter wieder in die richtigen Bahnen zu lenken.

Als Führungskraft ist der Umgang mit schwierigen Mitarbeitern nicht leicht und muss auf jeden Fall gelernt werden. Man sollte stets versuchen besonnen zu reagieren und emotional mit eigenen Gefühlen zurückzuhalten.

Emotionale Intelligenz - Emotionen und Kreativität nutzen

Nicht jeder hat schon einmal etwas von emotionaler Intelligenz gehört. So kommt immer wieder die Frage auf, ob jemand emotional intelligent ist und wie das mit den Mitarbeitern aussieht.

Mit dem Begriff emotionale Intelligenz wird die Begabung im Umgang mit eigenen und fremden Empfindungen gemeint.

Menschen die eine hohe emotionale Intelligenz haben sind in der Lage fremde und eigene Gefühle gut einzuschätzen und diese auch beeinflussen zu können. Die Begrifflichkeit selbst wurde in den 90-er Jahren geprägt und stammt von einem amerikanischen Psychologen.

Emotionale Intelligenz kann in der Führung von sehr großem Vorteil sein. Das gilt beispielsweise bei der Mitarbeiterführung. Diese Art von Intelligenz ermöglicht zudem ein gewisses Fingerspitzengefühl. Das bedeutet, dass eine Person mit einem hohen EQ im Beruf erfolgreicher sein kann als eine Person mit fachlicher Qualifikation und einem höheren IQ. Das hängt mit dem Unterschied der emotionalen Intelligenz zusammen.

Doch woran erkennt man, ob ein Mensch ein hohes Maß an emotionaler Intelligenz besitzt? Es gibt einige Faktoren, die dafür sprechen, dass ein hoher EQ vorhanden ist.

Menschen mit emotionaler Intelligenz können ihre Emotionen steuern und sind dazu in der Lage Stimmungen und Gefühle zu beeinflussen und diese bewusst zu steuern.

Ein innerer Dialog kann dabei hilfreich sein, die eigenen Emotionen zu kontrollieren. Diese Menschen sind ihren Gefühlen daher auch nicht so sehr ausgeliefert wie andere Personen. Das kann bei einem Vorgesetzten dann von Vorteil sein, wenn es unangenehme Gespräche gibt und man sich selbst emotional heraushalten möchte.

Bei emotionaler Intelligenz können Menschen sich leichter motivieren.

Das gilt vor allem dann, wenn es um schwierige Situationen im eigenen Leben geht. Sie können sich daher auch schneller für eine bestimmte Sache begeistern. Selbstmotivation ist immer dann entscheidend, wenn ein bestimmtes Vorhaben oder Projekt nicht so funktioniert wie gewünscht. Sich dann noch so motivieren zu können wie gewollt ist gar nicht so einfach. Das gilt auch für einen Chef, denn es wird immer wieder Situationen geben, in denen etwas nicht so läuft wie gewünscht.

Wenn emotionale Intelligenz vorhanden ist, dann können diese Menschen leichter mitfühlen. Sie können sich leichter in andere Menschen hineinversetzen und deren Gefühle, Emotionen und Sichtweisen nachvollziehen. Das ist eine sehr wichtige Sichtweise, die in verschiedenen Situationen von Vorteil sein kann. Beispielsweise kann so in einer Konfliktsituation besser reagiert werden, indem sofort auf die Emotionen des anderen eingegangen werden kann. Das wirkt bei einem Vorgesetzten sehr gut auf die Kollegen, weil diese sich ernstgenommen fühlen und den Eindruck bekommen, dass der Chef weiß, wie sie sich fühlen.

Bei emotionaler Kompetenz geht es auch darum, dass diese Menschen schnell Kontakt zu anderen Mitmenschen finden können. Sie gehen schnell und einfach neue Beziehungen ein und es fällt ihnen auch nicht schwer, diese Beziehungen aufrechtzuerhalten und gut in Schuss zu halten. Damit verbunden ist auch ein sehr gutes Konflikt- und Beziehungsmanagement. Das kann sich auch eine Führungskraft hervorragend zu Nutze machen. Dadurch wird die Kreativität und Effektivität im Team gesteigert. Beides wirkt sich langfristig auf den Erfolg des Unternehmens aus.

Zudem sind solche Menschen sehr gute Gesprächspartner. Sie können anderen sehr gut zuhören und können auf die andere Person eingehen. Sie sind daher als Gesprächspartner sehr beliebt und können mit Leichtigkeit zuhören und auf den anderen reagieren. Doch damit noch nicht genug, sie können sich auch gut artikulieren und geben der anderen Person ein gutes Gefühl im Gespräch. Da Führungskräfte immer wieder Gespräche mit Mitarbeitern führen müssen, kann sich diese Eigenschaft auch in der Führungsposition sehr gut auswirken. Mitarbeiter fühlen sich wertgeschätzt, was dann ebenfalls Motivation und Kreativität fördern kann.

Personen mit einer hohen emotionalen Intelligenz besitzen zudem ein realistisches Selbstbild von sich selbst.

Sie können nicht nur gut reflektieren, sondern sich selbst sehr gut einschätzen. Solche Personen überschätzen sich selbst daher nur selten und verstehen die eigenen Bedürfnisse besser ohne diese lange hinterfragen zu müssen. So sind die Gefühle als auch Motive für das eigene Handeln besser bekannt. Da Mitarbeiter sich Konstanz und Sicherheit wünschen, wirkt sich auch diese Fähigkeit sehr positiv auf das Team aus.

Um ebenfalls an der eigenen emotionalen Intelligenz zu arbeiten und diese gezielt einzusetzen gibt es einige Faktoren, die unbedingt berücksichtigt werden sollten. Es kann vorteilhaft zu üben, ob man andere Menschen wirklich gut einschätzen kann, auch wenn man sie selbst noch gar nicht so lange kennt. Zudem sollten sie lernen, in komplizierten Situationen nicht so schnell den Kopf zu verlieren. Andere Menschen trösten zu können ist ebenfalls eine wichtige Fähigkeit, genauso wie anderen Personen immer unvoreingenommen gegenüber zu treten um dann ein wertvolles und faires Gespräch führen zu können. Zudem sollte es nicht schwerfallen sich zu entschuldigen, sollte doch mal ein Fehler unterlaufen sein. Für emotionale Intelligenz ist es zudem wichtig, immer daran interessiert zu sein Konflikte fair zu lösen und einen Streit zu schlichen. Außerdem sollte nicht immer nur der eigene Kopf durchgesetzt werden, sondern auch einfach mal nachgegeben werden. Eine gesunde Vertrauensbasis entstehen zu lassen, ist mindestens genauso wichtig wie alles andere. Dazu gehört auch das eigene Anliegen, die Bedürfnisse und einen Standpunkt gut kommunizieren zu können.

All das ist für emotionale Intelligenz sehr wichtig. Einige Aspekte können davon einfach eingeübt werden, während andere einfach mit persönlichen Veranlagungen zusammenhängen. Es sollte vor allem bekannt sein, das IQ und EQ nicht das Gleiche sind und daher unterschieden werden sollten. Emotionale Intelligenz darf auf keinen Fall unterschätzt werden und spielt bei Emotionen und Kreativität eine sehr wichtige Rolle. Beides wird effektiv durch die emotionale Intelligenz beeinflusst. Als Führungskraft sollte man sich mit dieser Thematik näher auseinandersetzen.

Warum Emotionen so stark sind

Emotionen sind für uns Menschen unfassbar wichtig. Sie sind ein grundlegender Bestendteil unseres menschlichen Wesens, was auch damit zusammenhängt, warum Emotionen so stark sein können. Sie spielen in unserem Alltag eine sehr wichtige Rolle und wir bewerten verschiedene Situationen mithilfe unserer Gefühle. Das geschieht zumeist in unserem Unterbewusstsein.

Gefühle sorgen aber auch dafür, dass wir einfacher mit anderen Menschen kommunizieren können. Das ist auch der Grund, warum Emotionen auch im Berufsleben eine entscheidende Rolle spielen können.

Das ist auch der Grund, warum sich Wissenschaftler intensiv mit Emotionen vom Menschen auseinandergesetzt haben. Bis heute gibt es jedoch keine allgemeingültige Definition für unsere Emotionen. Um mehr Erfahrungen in diesem Bereich sammeln zu können haben Wissenschaftler sich in diesem Kontext das menschliche Gehirn näher angeschaut. Einige Experimente führten dann dazu, dass mit einer Elektrode elektrische Reize aufgelöst wurden und verschiedene Gehirnareale stimuliert werden konnten. Diese Stimulationen riefen dann verschiedene Emotionen wie Hunger, Durst, Angst aber auch Aggressionen aus.

Das zeigte recht deutlich, wie tief die Emotionen auch bei uns im Gehirn verankert sind. Dennoch konnte damit nicht die Frage beantwortet werden, was Emotionen eigentlich sind.

Doch warum genau sind Emotionen jetzt eigentlich so stark?

Ganz einfach, sie kommen in jedem von uns vor und beeinflussen unser Handeln ganz entscheidend. Aus biologischer Sicht handelt es sich bei Emotionen um komplexe Verhaltensmuster, die sich im Laufe der Zeit herausgebildet haben. Sie helfen uns dabei uns im Alltag besser orientieren zu können. Immer wenn wir davon sprechen, dass eine Entscheidung aus dem Bauch heraus getroffen wurde, dann wurde sie eigentlich aufgrund unserer Emotionen getroffen.

Selbst wenn wir noch so sehr versuchen rational zu entscheiden, sorgt meistens der erste Impuls für eine Entscheidung. Das hängt damit zusammen, dass es früher durchaus aus notwendig war, dass sehr schnell eine Entscheidung getroffen werden musste. Damit können die Emotionen als Bewertungssystem bezeichnet werden. Am Anfang funktioniert das Bewertungssystem noch nicht so gut, weil es sich erst mit der Zeit entwickeln muss. Dazu gehören beispielsweise alltägliche Erfahrungen die wir machen. Je nachdem was für Erfahrungen man gemacht hat, funktioniert das Bewertungssystem daher auch anders.

Aus dieser Hinsicht bleibt nichts was wir erleben ohne Wirkung. Das ist der eigentliche Grund, warum Emotionen so eine große Macht haben. Emotionen spielen nicht nur für uns persönlich eine Rolle, sondern können auch im Job von großer Bedeutung sein. Die eigenen Gefühle bestimmen auch dort unser Verhalten und die Handlungen. Umso wichtiger ist es, Emotionen im Griff zu behalten und nicht einfach so laufen zu lassen.

Bei Emotionen gilt, dass jede Erfahrung die wir machen und alles was wir lernen in unserem Gehirn mit einem bestimmten Gefühl verknüpft wird. Dieses Gefühl werden wir dann mit großer Wahrscheinlichkeit auch beim nächsten Mal in dieser Situation fühlen. Je intensiver das Gefühl ist, desto stärker wird es auch in unserem Kopf verankert. Somit wird das Erlebte zum Teil unserer Lebenserfahrung und begleitet uns.

Emotionen haben damit eine wesentliche größere Macht, als die meisten Menschen im ersten Moment annehmen würden. Sie beeinflussen uns vor allem unterbewusst und helfen uns tagtäglich dabei Entscheidungen zu treffen.

Die eigenen Emotionen kennen

Nun ist bekannt, wie wichtig Emotionen für uns eigentlich sind. Natürlich spielen die Gefühle auch im Job eine sehr große Rolle. Als Führungskraft sollten in jedem Fall die eigenen Emotionen bekannt sein. Nur so kann in Bezug auf die Mitarbeiter angemessen auf andere Emotionen reagiert werden. Bereits wenn schlechte Stimmung im Büro herrscht, ist das mit jeder Menge verschiedener Emotionen verbunden. Manche Menschen sind dann vielleicht etwas wütend und frustriert und sind unzufrieden.

Damit man als Vorgesetzter schnell reagieren kann, sollte innerhalb kürzester Zeit erkannt werden, was für Emotionen gerade vorherrschen. Deshalb ist es im ersten Schritt enorm wichtig, die eigenen Emotionen zu kennen. Die meisten Menschen haben sich darüber vorher noch nie Gedanken gemacht. Das kann unter Umständen jedoch wichtig sein, um das eigene Handeln erklären zu können.

In der Psychologie wird dabei sehr gerne von sogenannten menschlichen Basisemotionen gesprochen.

Davon können sechs Primäremotionen benannt werden, diese sind:

- Trauer
- Ärger/Wut
- Furcht/Angst
- Freude
- Überraschung
- Ekel

Dabei macht es wenig Sinn, sich einfach nur Gedanken darüber zu machen, was für Emotionen überhaupt vorhanden sein können. Grundsätzlich ist ein Mensch dazu in der Lage, jegliche Emotionen zu zeigen. Dann kommen jedoch die eigenen Eigenschaften und Erfahrungen hinzu. So gibt es z.B. Menschen, die sich sehr wenig aufregen und so beinahe nie wütende Emotionen empfinden. Das ist von Mensch zu Mensch aber sehr unterschiedlich.

Es gibt beispielsweise auch Emotionen, die im Laufe des Lebens noch erlernt werden können. Jede Emotion ist mit einer bestimmten Mimik verbunden, die zumindest in den ersten Millisekunden nicht unterdrückt werden kann.

Wenn man nun die eigenen Emotionen näher kennenlernen möchte, dann sollte man sich bestimmte Situationen vornehmen. Am besten sollte es sich um eine Situation handeln, die gerade eben erst gewesen ist und daher gut in Erinnerung gerufen werden kann. Was wurde in diesem Moment gefühlt? Was waren die Gedanken? Alles sollte möglichst genau beschrieben werden, um dann auf die Emotionen schließen zu können.

Es ist oftmals gar nicht so leicht, die eigenen Emotionen kennenzulernen und zu benennen. Deshalb kann das nähere Umfeld dabei auch behilflich sein und einzelne Emotionen zu benennen. Grundsätzlich sollten Gefühle niemals unterdrückt werden. Sie können jedoch kontrolliert und gezielt eingesetzt werden.

Als Führungskraft ist am Ende das Ziel, auch die Mitarbeiter über Emotionen beeinflussen zu können. Das ist gar nicht im negativen Sinne gemeint, sondern soll zum Erfolg des Unternehmens beitragen. In verschiedenen Situationen sollte man sich immer wieder über die eigenen Emotionen bewusst werden. Wenn das noch nicht gelingt, sollte ein Vorgesetzter auch nicht versuchen Emotionen richtig einzusetzen oder die Emotionen von Mitarbeitern zu erkennen und zu nutzen.

Emotionen können im Beruf auch schnell im Weg stehen, aber auch für große Motivation sorgen. Es ist daher immer im Interesse der Führungskraft die Emotionen positiv zu verändern und in die richtigen Bahnen zu lenken. Aufgrund der Entscheidungen die ein Vorgesetzter treffen muss, ist das von großer Bedeutung.

Emotionen richtig einsetzen

Wenn Emotionen richtig eingesetzt werden sollen, dann wird in diesem Zusammenhang gerne von emotionaler Führung gesprochen. Das bedeutet, dass eine Führungskraft dazu in der Lage ist, je nach Mitarbeiter und Situation passende Entscheidungen zu treffen und sich angemessen zu verhalten. So kann auch besser auf die emotionalen Bedürfnisse der einzelnen Mitarbeiter eingegangen werden.

Der erste Schritt sollte damit schon getan sein, indem die eigenen Emotionen bekannt sind. Dabei ist es erforderlich sich intensiv mit Emotionen auseinanderzusetzen. Voraussetzung ist also, dass eigene Gefühle verstanden werden und richtig eingeordnet werden können. Im weiteren Schritt sollen die eigenen Gefühle dann sogar richtig kontrolliert werden.

Damit das funktioniert, ist wiederum emotionale Intelligenz, Selbstreflexion und Empathie notwendig. Auch aus diesem Grund ist emotionale Intelligenz so wichtig. Schwierig ist jedoch, dass Selbstreflexion und Empathie nicht von jedem Menschen aufgebracht werden könnten. Entweder er ist empathisch oder eben nicht.

Im Zusammenhang mit der emotionalen Intelligenz wird auch sehr gerne die emotionale Führung gesetzt. Sie wurde von einem amerikanischen Psychologen geprägt, der sich intensiv mit der Thematik auseinandergesetzt hatte. Dabei sind Emotionen für viele Menschen im Beruf absolut tabu. Personen, die nach der eigenen Intuition entscheiden, werden eher schief angeschaut. Gefühle werden im beruflichen Kontext gerne als irrational und unberechenbar bezeichnet. Sie sind nach dieser Ansicht zu riskant und können den beruflichen Erfolg des Unternehmens aufs Spiel setzen.

Mit emotionaler Führung ist jedoch nicht gemeint, dass der Chef einfach nur nett ist, andere nicht kritisiert und seinen Gefühlen freien Lauf lässt. Hierbei handelt es sich vielmehr um unprofessionelles Verhalten, was einem Chef gar nicht würdig ist. Auch bei emotionaler Führung gibt es Kritik vom Chef und dieser darf unzufrieden mit den Leistungen des Teams sein. Daher kann es durchaus auch bei der emotionalen Führung Konflikte im Team geben, die dann angesprochen werden müssen.

Doch jetzt kommen wir zu einem sehr wichtigen Aspekt: Die Emotionen müssen richtig eingesetzt werden. Auch im beruflichen Kontext sind Gefühle nicht überall an der richtigen Stelle und das gilt auch für die emotionale Führung. Viele Vorgesetzte achten leider gar nicht darauf, welche Gefühle im Umgang mit anderen Menschen eine Rolle spielen. An dieser Stelle wird die Macht der Emotionen völlig unterschätzt und nicht ernstgenommen. Die Auffassung, dass lediglich rationales Verhalten und Sachlichkeit im beruflichen Kontext entscheidend sind, wurde schon längst überholt. Emotionen müssen auf die richtige Weise eingesetzt werden und können dann sogar zum Erfolg des Unternehmens beitragen.

Die emotionale Führung ist im Vergleich zu anderen Führungsstilen verhältnismäßig neu und wird daher immer wieder skeptisch betrachtet.

Emotionale Führung kann jedoch eine sehr gute Alternative sein. Das hängt damit zusammen, dass die Einschätzungen zur Führung oftmals weit auseinandergehen. Während sich die Vorgesetzten als guter Chef einschätzen, sprechen die Mitarbeiter den Führungskräften eher die guten Führungsqualitäten ab. Der Blickwinkel ist hierbei also ein ganz anderer. Die Wahrnehmung unterscheidet sich sehr stark voneinander. Emotionale Führung kann ein Weg sein, um besser auf Mitarbeiter einzugehen und zu einer besseren Arbeitsatmosphäre und Zufriedenheit im Team beizutragen.

Studien zeigen inzwischen auch, dass Führungskräfte die mit emotionaler Führung arbeiten erfolgreicher sind. Bei dieser Führung entsteht ein Arbeitsklima, bei dem sich die Mitarbeiter ernstgenommen fühlen und der Eindruck entsteht, dass auch der Vorgesetzte verstanden hat, wie sie behandelt werden wollen. Dazu gehört auch Wertschätzung und die Sichtweise als einzelner Mensch, der nicht einfach ausgetauscht werden kann, sondern für das Unternehmen eine wichtige Rolle spielt.

<u>Doch wenn die Emotionen eingesetzt werden sollen, wie ist das mit der emotionalen Führung möglich?</u>

Als Führungskraft ist es entscheidend Wert auf Harmonie zu legen und Konflikte im Team so schnell wie möglich zu lösen. Negative Emotionen haben eine sehr hohe Kraft und Energie und sollten daher nicht zu lange unter der Oberfläche vorhanden sein, weil es früher oder später zu großer Unzufriedenheit kommen kann. Bei der emotionalen Führung liegt der Fokus auf jedem einzelnen Mitarbeiter und der Chef ist auch bei persönlichen Problemen ein sicherer Ansprechpartner, der keine Vorurteile hat. So können auch Schwierigkeiten mit Kollegen wesentlich leichter geklärt werden. Ziel ist es, ein möglichst positives Verhältnis zwischen Chef und Mitarbeitern entstehen zu lassen. So entsteht wichtige Loyalität und ein Wir-Gefühl, was wiederum dem ganzen Unternehmen zu Gute kommt.

Die emotionale Führung wird in der Regel nicht als alleiniger Führungsstil angewendet, sondern mit anderen Stilen in Verbindung eingesetzt. So kann die emotionale Führung beispielsweise mit einem Stil eingesetzt werden, der perfekt zu dem Team passt. Wie eingangs bereits erklärt, macht es eine gute Führungskraft aus, dass sie flexibel ist und den Führungsstil auf das Team anpassen kann. So kann auch jeder Vorgesetzter entscheiden, wie intensiv die emotionale Führung eingesetzt werden soll. Wie empfänglich sind die Mitarbeiter über die Emotionen?

Damit Emotionen richtig eingesetzt werden können, muss sich die Führungskraft in aller erster Linie selbst unter Kontrolle haben. Sie muss wissen, welche Emotionen sie selbst in einer bestimmten Situation verspürt. Selbst wenn es zum wiederholten Male zu einem Streit zwischen zwei Mitarbeitern kommt, ist es nicht sinnvoll mit wütenden oder entnervten Emotionen auf die Lage zu reagieren. Vielmehr sollten die eigenen Emotionen bewusst eingesetzt werden, um die Situation wieder entspannen zu können. Dazu gehört beispielsweise eine ruhige und besonnene Art und Weise.

Das mag einem im ersten Moment selbst nicht leichtfallen, kann jedoch trainiert und dann angewendet werden. Emotionale Führung darf in dieser Hinsicht keinesfalls als Trend verstanden werden, denn es ist ein wichtiges Thema, was uns alle betrifft. Mitarbeiter verbringen einen

Großteil des Tages im Büro und da ist es wenig verwunderlich, dass verschiedenste Emotionen zum Vorschein kommen. Diese müssen vom Chef stets in die richtige Richtung gelenkt werden.

Wenn einem auffällt, dass das Team gerade gestresst und gereizt ist, kann beispielsweise einfach mal eine leckere Kleinigkeit für alle Mitarbeiter ausgegeben werden. Diese werden sich darüber freuen und sehen die Kleinigkeit dann als ihre Wertschätzung für die Arbeit an. Die Emotionen gezielt einzusetzen ist auf keinen Fall tabu oder unprofessionell. Die Mitarbeiter werden sich sogar ziemlich stark daran orientieren wie der Vorgesetzte sich emotional verhält.

Selbst wenn wir möchten können wir Emotionen einfach nicht aus dem Spiel lassen, weil sie einfach immer da sind und nicht einfach ausgeknipst werden. Daher ist es umso wichtiger die Emotionen gezielt einzusetzen und zu kontrollieren. Das erfordert jedoch gerade von der Führungskraft jede Menge Übung.

Emotionen der Mitarbeiter erkennen und nutzen

Wenn man die eigenen Emotionen bereits erkannt hat und diese richtig einsetzen kann, geht es aber auch darum, die Emotionen der Mitarbeiter zu erkennen und diese zu nutzen. Das spielt in der emotionalen Führung eine sehr wichtige Rolle. Das ist auch gut, denn viele Führungskräfte beschäftigen sich auch heute noch viel zu wenig mit Emotionen. Die Frage „warum ist mein Mitarbeiter gerade so drauf?“, wird dann oftmals nur mit einem Schulterzucken beantwortet. In den meisten Fällen stecken dahinter einfach Emotionen, die schlichtweg erkannt werden müssen.

Emotionen erkennen zu können kann daher auch als Schlüsselkompetenz einer guten Führungskraft bezeichnet werden. Emotionen sind Treiber unserer Handlungen und Entscheidungen und das gilt auch für die Mitarbeiter. Wer Emotionen erkennen und darauf eingehen kann, weist als Führungskraft eine wichtige Stärke auf, die gerne auch als kognitive Empathie bezeichnet wird. Vorgesetzter solcher Art sind laut Studien übermäßig erfolgreich in ihrem Berufsfeld. Sie sind in der Lage ihre Mitarbeiter stärker zu binden und deshalb effektiver zu motivieren.

Doch wie können die Emotionen von Mitarbeitern zuverlässig entschlüsselt werden? Dabei spielt die Mimik tatsächlich eine entscheidende Rolle, denn sie spiegelt die Emotionen wider. Sie kann daher auch als Bühne unserer Emotionen bezeichnet werden. Tatsächlich drückt die Mimik sogar kulturübergreifend die gleichen Emotionen aus. Sieben Emotionen sind direkt über die Mimik erkennbar (Ärger, Angst, Ekel, Verachtung, Freude, Trauer und Überraschung). Fünf weitere kommen dann noch hinzu, bei denen die Körpersprache zusätzlich wichtig ist (Scham, Schuld, Liebe, Interesse, Stolz).

Die Forschung zeigt jedoch deutlich, dass die meisten Menschen und damit auch Führungskräfte nicht dazu in der Lage sind, die Emotionen des Gegenübers im Gesicht richtig zu erkennen. So wird fast jede zweite Emotion falsch verstanden. Die Emotionserkennungsfähigkeit kann jedoch trainiert werden. Dazu muss sich ein Vorgesetzter mit dem Lesen von Emotionen in der Mimik beschäftigen.

Dazu gehören vor allem die Signale, die unterbewusst in Form von

Mikroexpressionen ausgesendet werden. Hierbei handelt es sich um winzig kleine Muskelbewegungen, die nur wenige Millisekunden andauern. In dieser Zeit wird bereits an die Emotion gedacht und sie spiegelt sich direkt in unserem Gesicht wider. Das kann auch mit noch so viel Kontrolle nicht verhindert werden. Das sogenannte Pokerface kann also erst nach einigen Sekunden aufgesetzt werden.

Emotionen erkennen zu können ist auch deshalb so wichtig, weil diese der Wahrheit entsprechen und so auch im Kontrast zu dem eigentlich Gesagten stehen kann. In einem Mitarbeitergespräch kann ein Vorgesetzter so beispielsweise gezielte Fragen stellen um die Emotion mit der Antwort abzuwarten. Während die Antwort vielleicht eine freundliche Lüge ist, weil der Mitarbeiter sich schlichtweg nicht traut ehrlich zu sein und vielleicht ein persönliches Versagen einzugestehen, sagen die Emotionen etwas ganz anderes.

Damit das funktioniert, müssen Emotionen jedoch sicher erkennbar sein, ansonsten kann das zu fatalen Fehleinschätzungen führen. Es sollte also regelmäßig trainiert werden, Emotionen zu erkennen. Wenn eine Emotion erkannt wird, kann diese direkt angesprochen werden. Dafür sollten dann verständnisvolle Worte gefunden werden um den Mitarbeiter an der richtigen Stelle abzuholen und ihm Respekt zu erweisen. Sätze wie „die Emotionen zeigen aber etwas anderes.“, sollten daher niemals zur Sprache kommen.

Durch die Erkennung von Emotionen können diese gezielt genutzt werden, um die Zufriedenheit der Mitarbeiter zu steigern und für ein besseres Miteinander zu sorgen. Am Ende kann so auch ein großes Vertrauensverhältnis zwischen Vorgesetzten und Mitarbeitern entstehen.

Lob, Tadel und Aufmunterung - Nehmen Sie Ihre Mitarbeiter an die Hand

Lob, Tadel und Aufmunterung sind drei Werkzeuge, die jeder Führungskraft bekannt sein sollten.

Doch es ist gar nicht so leicht, diese drei Bereiche gezielt für sich selbst einzusetzen. Gleichzeitig sollen die Mitarbeiter an die Hand genommen werden und nicht sich selbst überlassen werden.

Doch wann sollten eigentlich Lob, Tadel und Aufmunterung zur Anwendung kommen?

Es wird immer wieder gesagt, dass Loben einfach ist, tadeln jedoch schwer, weil es nicht einfach ist, Mitarbeitern ein kritisches Feedback zu geben, ohne dass dieses falsch aufgefasst wird. Positives Feedback zu geben fällt den meisten Vorgesetzten jedoch nicht schwer, denn schließlich wird jeder Mensch gerne gelobt. Doch es läuft nicht immer alles so wie gewünscht und irgendwann muss auch mal eine negative Rückmeldung gegeben werden. Nur so kann der Erfolg des Unternehmens überhaupt sichergestellt werden.

Wenn ein Chef seinem Mitarbeiter eine Rückmeldung über die Leistungen geben muss, dann kommt er nicht umher, auch mal negative Aspekte anzusprechen. Doch nicht jeder Mensch kommt mit Kritik zurecht, auch wenn diese noch so sachlich und konstruktiv formuliert ist. Manche Mitarbeiter reagieren sehr souverän und sehen die Chancen in der Kritik, andere wiederum sind sehr irritiert oder verletzt und können sogar aggressiv reagieren. Für Führungskräfte ist es nicht leicht einzuschätzen, wie ein Mitarbeiter auf die Kritik reagieren wird.

Mitarbeiter reagieren deshalb nicht immer gut auf Kritik, weil sie Klarheit darüber liefert, inwiefern das eigene Selbstbild dem Bild anderer Personen über uns und unserer Leistung entspricht. Damit kommen vor allem Menschen mit einem schwachen Ego nicht gut zurecht. Sie sehen nicht, dass sie sich durch das Feedback noch persönlich verbessern können, sondern fühlen sich unter Umständen persönlich angegriffen.

Um Mitarbeiter an die Hand nehmen zu können, sind Tadel, Lob und Aufmunterung sehr entscheidend. Alle drei Werkzeuge müssen jedoch genau zur richtigen Zeit eingesetzt werden, damit der gewünschte Erfolg eintritt. Wenn ein Mitarbeiter ständig auch für die kleinsten Arbeiten gelobt wird, dann ist das Lob bald nicht mehr so viel wert und es wird sogar als negativ empfunden, wenn es mal kein Lob vom Chef geben sollte. Vor allem Lob sollte daher sehr dosiert eingesetzt werden. Es darf aber auch niemals vergessen werden, einzelne Mitarbeiter gezielt zu loben und Wertschätzung zu zeigen und motivierend zu wirken. Haben Personen im Team das Gefühl, dass ihre Arbeit nicht genügend Wertschätzung erhält, werden sie schon bald nur noch das Nötigste machen und sich keine unnötige Mühe machen.

Tadel hingegen muss immer richtig überbracht werden.

Sie wird schnell als persönlicher Angriff empfunden und die Reaktion fällt dann auch dementsprechend aus. Meistens erfolgt diese Reaktion in einem Reflex, sodass das eigentliche Gesagte bei den Mitarbeitern gar nicht mehr ankommt. Sie machen förmlich zu und sind nicht mehr zum Reden bereit. Feedback sollte daher immer nach bestimmte Regeln gegeben werden, damit es für beide Seiten konstruktiv ist und zum Erfolg des Unternehmens beitragen kann.

Wenn man als Chef negatives Feedback geben möchte, dann sollten einige Regeln eingehalten werden. Beispielsweise sollte die persönliche Kritik immer in einem Gespräch unter vier Augen erfolgen und nicht vor der gesamten Mannschaft. Das ist sehr wichtig, um das Vertrauensverhältnis aufrechterhalten zu können.

Darüber hinaus sollte immer für einen passenden Gesprächsrahmen gesorgt werden. Zwischen Tür und Angel sollte es keine Kritik geben, sondern lieber in einer ruhigen Atmosphäre, bei der das Gespräch auch nicht durch ein Telefonat oder ähnliches unterbrochen werden kann. Auch das hat wiederum mit der Wertschätzung des Mitarbeiters zu tun, auch wenn dieser ein negatives Feedback erhält. Zudem sollte bestenfalls bereits im Vorfeld ein Termin vereinbart werden, damit das Gespräch für den Mitarbeiter auch nicht überraschend kommt. So kann dieser sich in Ruhe vorbereiten und als Führungskraft kann man sich ebenfalls genügend Zeit nehmen.

Zu Beginn des Gesprächs sollte eine lockere Atmosphäre entstehen. Sie sollten dem Mitarbeiter zu Beginn immer mitteilen, warum man hier gerade gemeinsam sitzt. Beispielsweise um die Arbeit der Vergangenheit zu reflektieren oder die gegenseitigen Erwartungen anzusprechen. Es sollte in den Vordergrund gestellt werden, dass gemeinsam etwas erreicht werden soll.

Es sollte niemals mit den negativen Aspekten in einem solchen Gespräch begonnen werden. Wesentlich wichtiger ist es, zu Beginn die Wertschätzung gegenüber dem Mitarbeiter zum Ausdruck zu bringen und Dinge zu nennen, die in der Vergangenheit sehr gut funktioniert haben. Selbst wenn man als Führungskraft das Gefühl hat, dass schon hunderte Male gesagt zu haben, sollte es nochmals wiederholt werden, um die Aspekte auf bei dem Mitarbeiter wieder in den Vordergrund zu rücken. Dabei dürfen auch gerne Selbstverständlichkeiten gelobt werden, denn oftmals sind diese Dinge gar nicht so selbstverständlich wie von der Führungskraft angenommen. So wird dem Mitarbeiter bereits ein viel besseres Gefühl vermittelt.

Erst danach sollten vorsichtig kritische Verhaltensweisen angesprochen werden. Das sollte jedoch keine dauerhafte Auflistung sein, sondern nur 2-3 wirklich wichtige Punkte enthalten, die unbedingt angesprochen werden müssen. Dazu sollte sich die Führungskraft im besten Fall schon vorher Gedanken gemacht haben, damit es auch wirklich die wichtigsten Punkte sind. So soll beim Mitarbeiter nicht das Gefühl entstehen, dass der Chef an allem etwas auszusetzen hat und eigentlich gar nichts gut läuft.

Gleichzeitig soll die Kritik immer sachlich formuliert sein. Hierbei muss sich der Vorgesetzte emotional sehr gut im Griff haben. Damit die Kritik besser verständlich ist, sollte sie mit konkreten Beispielen aus dem Alltag beschrieben werden. Dabei sollte ruhig und besonnen gesprochen werden, damit der Mitarbeiter selbst möglichst ruhig zuhören kann.

Einige Sätze wie „das machen Sie immer so“, oder „bei Ihnen kann man sich einfach nicht darauf verlassen, dass…“, sollten in jedem Fall vermieden werden. Sie erwecken den Anschein einer pauschalisierenden Aussage. Dabei sind Widersprüche des Mitarbeiters beinahe schon vorprogrammiert, weil er Gegenbeispiele liefern kann.

Als Führungskraft sollte zudem immer nur für sich selbst gesprochen werden, dass gilt bei jeglicher Form von Kritik, aber auch Lob. Es sollten nicht andere Menschen mit ins Boot geholt werden, die bei dem Gespräch gar nicht dabei sind. Zudem ist nicht gesagt, dass die erwähnten Personen die getätigten Aussagen tatsächlich bestätigen würden. Darüber hinaus können bei solchen Angaben schnell ungewollte Konflikte im Team entstehen.

Die Kritik sollte im Gespräch immer als eigener Standpunkt formuliert und verkauft werden. Es handelt sich um die Interpretation der Dinge, wie die Führungskraft sie sieht. Dabei darf auch erwähnt werden, dass der Mitarbeiter das selbstverständlich anders sehen und bewerten darf. Fragen in Richtung „wie sehen Sie das?“, können daher sehr sinnvoll sein, um direkt nach der Meinung des betreffenden Mitarbeiters zu fragen.

Gleichzeitig darf aber auch nicht zu viel Raum für Diskussionen gelassen werden. Es sollte direkt klargestellt werden, dass die zu erreichenden Ziele im Team nicht verhandelt werden können und fest bestehen. Auch wenn die Reaktion des Mitarbeiters nicht besonders angenehme ausfällt, sollten sie immer darauf achten, sich wertschätzend in den eigenen Aussagen zu äußern und somit keine weitere Angriffsfläche zu bieten. Im Gespräch selbst sollten daher auch keine Aussagen getroffen werden, welche die gesamte Person in Frage stellen könnten. So fühlt sich der jeweilige Mitarbeiter schnell runtergemacht und stellt das Selbstbild vollkommen in Frage. Stattdessen sollte sich eine Führungskraft immer auf das jeweilige Verhalten beziehen.

Du-Botschaften sollten ebenfalls vermieden werden. Diese werden oftmals als direkter Angriff empfunden. So sollte nicht gesagt werden „Sie hören mir gar nicht zu.“, sondern „Ich habe das Gefühl, dass sie mir gerade nicht zuhören. Beschäftigen Sie vielleicht gerade andere Dinge?“ Das hat eine ganz andere Wirkung und kann das Gespräch in bessere Bahnen lenken. Am Ende sollte auch immer das Ziel sein, Ursachen für ein bestimmtes Verhalten ausfindig zu machen. Nur so kann der Mitarbeiter an den kritisierten Aspekten arbeiten und sich selbst verbessern.

<u>So kann Kritik wesentlich besser vermittelt werden und wird beim Gegenüber auch besser ankommen.</u>

Auch Lob sollte immer ehrlich und aufrecht formuliert werden und nicht zwischen Tür und Angel, denn damit wird auch direkt die Wertschätzung des Lobs verbunden.

Aufmunterung hingegen sollte immer dann gezeigt werden, wenn Mitarbeiter sich gerade in einer schwierigen Phase befinden. Auslöser dafür dürfen auch gerne persönliche Probleme sein. Trotzdem sollte der Chef darauf eingehen und auch diese Probleme ernstnehmen. Aufmunterung kann sehr wichtig sein und auch die Bindung zwischen beiden Parteien nochmals stärken. Wichtig ist auch bei diesem Werkzeug, dass die Aufmunterung aufrichtig gemeint ist und im richtigen Moment übermittelt wird.

Mit all diesen Werkzeugen können die Mitarbeiter sinnvoll an die Hand genommen und angeleitet werden. Wann welches Werkzeug bei welchem Mitarbeiter zum Einsatz kommen sollte, ist jedoch sehr unterschiedlich und muss individuell angepasst werden. Wichtig ist nur, dabei immer fair zu bleiben und einen guten Umgang zu finden. Es sollte also nicht vorkommen, dass ein Mitarbeiter ständig gelobt wird und die anderen im Team verhältnismäßig wenig Lob erhalten. Das kann demotivierend wirken. Noch ein Grund mehr, warum Gespräche solcher Art immer unter vier Augen stattfinden. Sowohl Lob und Kritik sollten nicht vor einer größeren Gruppe kommuniziert werden.

Richtig eingesetzt können die Werkzeuge sogar dafür sorgen, dass Mitarbeiter sich besser fühlen und effektiver arbeiten können. Bei falscher Verwendung der Aspekte kann das Arbeitsklima jedoch auch negativ beeinflusst werden.

Der Umgang mit den Mitarbeitern

Um ein gute Führungskraft sein zu können, ist der Umgang mit Mitarbeitern mehr als entscheidend.

Warum? Sie sind das Herzstück jedes Unternehmens. Ohne sie könnte der Betrieb nicht am Laufen gehalten werden. Daher sollte jeder Vorgesetzte den Fokus auf die Mitarbeiter legen und darauf achten, dass diese gut gelaunt sind, eine hohe Motivation haben und zufrieden arbeiten können.

Dabei muss man sich als Führungskraft in jedem Fall davon freimachen, dass in einem Unternehmen alle Entscheidungen vom Chef getroffen werden und die Mitarbeiter dem einfach Folge leisten müssen. Die Vorgaben müssen dann einfach mitgetragen werden, was jedoch zur Unzufriedenheit bei den Mitarbeitern führen kann. Diese machen dann nur noch Job nach Vorschrift und machen keinen Schritt weiter als erforderlich. Das ist als Führungskraft aber auch keinen Fall erstrebenswert.

Loyale und zufriedene Mitarbeiter hingegen sorgen dafür, dass die Produktivität gesteigert wird und die Qualität der Arbeitsergebnisse besser ist. Das wiederum wirkt sich auf den Gesamterfolg des Unternehmens aus. Übrigens spielt auch der Krankenstand eine wichtige Rolle. Zufriedene Mitarbeiter sind weniger krank.

Für all diese Umstände ist der Umgang mit den Mitarbeitern entscheidend. Doch wie sollte eine Führungskraft eigentlich mit dem Team umgehen, um den größtmöglichen Erfolg erzielen zu können? Im Umgang mit dem Team sollte ein Chef sich immer fair verhalten. Er sollte einigen Umgang pflegen, den er sich selbst als Mitarbeiter auch wünschen würde. Es kann auch sehr hilfreich sein, sich in die Rolle einer Außenstehenden Person zu versetzen. Das erfordert jedoch etwas Übung, denn dann besteht die Möglichkeit, sich die Situation neutral anzuschauen und zu überlegen, ob man selbst wirklich eine so gute Führungskraft ist wie gedacht oder ob noch etwas im Umgang verbessert werden kann.

Der Umgang findet jeden Tag auf der Arbeit statt und darf in seiner Wichtigkeit auf keinen Fall unterschätzt werden.

Selbst kleine Gesten oder Reaktionen spielen für die Mitarbeiter bereits eine Rolle, denn für sie ist der Chef sehr wichtig und sie stehen in Abhängigkeit zu ihm.

Im Umgang hat der Vorgesetzte verschiedenste Möglichkeiten, um mit den Mitarbeitern zu interagieren und sie zu unterstützen, damit eine noch höhere Motivation entsteht. Doch auch andere Faktoren sind wichtig, wenn es darum geht einen richtigen Umgang mit den Mitarbeitern zu pflegen. Mitarbeiter haben viele Bedürfnisse, die zum großen Teil vom Vorgesetzten erfüllt werden müssen. Das ist jedoch gar nicht immer so leicht. In den folgenden Kapiteln sind daher einige Aspekte für den richtigen Umgang mit Mitarbeitern zu finden. Diese können für jede Führungskraft sehr hilfreich sein.

Am Ende besteht das oberste Ziel darin, ein möglichst gutes Ergebnis für das Unternehmen zu erzielen. Das ist jedoch nur über die Mitarbeiter möglich, weil kein Chef dieser Welt alles allein machen kann. Aus diesem Grund müssen Mitarbeiter entsprechend behandelt werden, damit sie sich im Unternehmen wohlfühlen können. Das wird umso wichtiger in Bezug auf den Fachkräftemangel, wo Fachkräfte sich ein Unternehmen praktisch aussuchen können.

Es gibt verschiedene Möglichkeiten, um den Umgang mit Mitarbeitern verbessern zu können. An welcher Stelle man ansetzen sollte, muss jeder selbst entscheiden.

Vertrauen aufbauen und festigen

Ein sehr wichtiger Aspekt besteht darin, Vertrauen aufzubauen und dieses auch zu festigen. In der heutigen Arbeitswelt ist es gar nicht leicht, ein Vertrauensverhältnis zu schaffen. Führungskräfte müssen in dieser Hinsicht vor allem von dem Image wegkommen, dass Mitarbeiter nur Mittel zum Zweck sind und gar nicht so gut behandelt werden müssen.

Doch inzwischen hat sich einiges getan und Mitarbeiter nehmen im Unternehmen eine ganz andere Rolle ein. Ohne sie geht eben gar nichts und das sollte sich jeder Vorgesetzter immer wieder vor Augen führen.

Was für Möglichkeiten hat eine Führungskraft, um nachhaltig Vertrauen zu den Mitarbeitern aufbauen zu können?

Zuerst sollte sich jede Führungskraft fragen, ob sie eigentlich den eigenen Mitarbeitern vertrauen kann. Eine gute Vertrauensbasis kann nur dann entstehen, wenn auch der Chef Vertrauen zu den Mitarbeitern hat.

Vertrauen ist etwas was wächst und deshalb nicht gleich von Anfang an vorhanden ist. Je länger ein Mitarbeiter da ist, desto größer wird auch das Vertrauensverhältnis sein. Vertrauen kann im Gegensatz dazu aber auch wieder verschwinden, wenn wir einen Menschen näher kennenlernen. Genauso wieder jeder andere Mensch benötigen auch Führungskräfte Erfahrungen, bis sie einem anderen Menschen vertrauen können. Es gehört auch zur Lebenserfahrung dazu, zunächst gegenüber fremden Menschen skeptisch zu sein. Wie skeptisch jemand ist, hängt auch davon ab, was er für Erfahrungen in der Vergangenheit gemacht hat. Auch in dieser Hinsicht kann es große Unterschiede haben. Das gilt auch für Mitarbeiter.

Als Chef darf man also auch nicht enttäuscht sein, wenn es einzelne Mitarbeiter gibt, die nicht so schnell vertrauen können wie andere. Vertrauen ist zudem oftmals nicht ganzheitlich, sondern kann in bestimmten Bereichen bestehen. So kann ein Mitarbeiter einer Führungskraft vertrauen, dass diese alles unternimmt, um den Mitarbeiter zu fördern. Aber wenn es darum geht, im Notfall schnelle Entscheidungen zu treffen, ist das Vertrauen nicht besonders gut.

Das bedeutet, dass sich ein Vertrauen durchaus auf bestimmte Bereiche beschränken kann.

Doch was kann eine Führungskraft tun, damit die Mitarbeiter möglichst schnell Vertrauen gewinnen können?

Es ist enorm wichtig dafür zu sorgen, dass Mitarbeiter mit dem Vorgesetzten gemeinsame positive Erfahrungen sammeln. Die positiven Erfahrungen werden dann meistens direkt mit der betreffenden Person verknüpft. Je besser der Mitarbeiter den Chef kennt, desto mehr kann man die Wahrscheinlichkeit einschätzen, wie sich der andere in bestimmten Situationen verhalten wird. Das wiederum schafft Sicherheit, die sehr wichtig ist. Mitarbeiter können so auch die eigenen Risiken besser einschätzen. Wenn dann positive Erfahrungen mit der Führungskraft gesammelt wurden, dann wird gedanklich auch immer der positive Aspekt zum Vorschein kommen.

Außerdem ist es enorm wichtig, dass nicht nur die Mitarbeiter Vertrauen in den Chef haben sollen, sondern das Vertrauensverhältnis auch in der anderen Richtung vorhanden ist. Es ist also wichtig, auch dem gesamten Team Vertrauen schenken zu können. Das hängt damit zusammen, dass Vertrauen immer auf Gegenseitigkeit beruht. Es muss seitens der Führungskraft ein Grundvertrauen vorhanden sein. Diese Handeln zeigt den Mitarbeitern dann, dass sie dem Vorgesetzten ebenfalls vertrauen können. Dabei sollte das Handeln der Führungskraft immer vertrauensvoll und berechenbar wirken. Das sollte auch konstant so beibehalten werden. Es macht keinen Sinn sich als Führungskraft zuerst zu verstellen, denn Vertrauen geht viel schneller wieder verloren als es aufgebaut wird.

Für den Aufbau und die Festigung von Vertrauen ist es außerdem sehr wichtig, dass für Transparenz gesorgt wird. Wenn Dinge immer nur unter der Oberfläche passieren, dann kann das schnell für Unsicherheiten sorgen. Für das gesamte Team sollte ersichtlich und nachvollziehbar sein, warum eine bestimmte Entscheidung getroffen wurde und was die Voraussetzungen dafür gewesen sind. Nur dann können die Mitarbeiter auch verstehen, warum die Entscheidung überhaupt so getroffen wurde. Wichtig ist es auch, sie mit einzubeziehen, damit die Mitarbeiter das Gefühl haben, dass ihre Interessen auch eine Rolle spielen und sie nicht egal sind. Hierbei spielt die Transparenz eine enorm wichtige Rolle.

Nur dann können sie einem Chef auch in Hinsicht auf getroffene Entscheidungen vertrauen.

Zudem sollte Mitarbeitern immer einen gewissen Handlungsspielraum gegeben werden. Wenn die Führungskraft alle Entscheidungen selbst trifft und überhaupt keinen Handlungsspielraum lässt, entsteht sehr schnell der Eindruck, dass der Vorgesetzte dem Team schlichtweg nicht traut und auch nicht an die Kompetenzen glaubt. Wenn Mitarbeiter einer Führungskraft vertrauen müssen, haben diese das Bedürfnis sich selbst kontrollieren zu wollen. Das ist nur dann möglich, wenn bei den eigenen Handlungen ein gewisser Spielraum vorhanden ist und nicht alles vorher entschieden wird.

Um Vertrauen aufbauen zu können ist es zudem sehr wichtig einfach zu sprechen und Fehler auch als Chance zu sehen daraus etwas lernen zu können. Es gibt immer neue Ideen oder Projekte, bei denen durchaus mal etwas schiefgehen kann. Dann sollte mit den Mitarbeitern gesprochen werden, um eine möglichst gute Alternative und Lösung zu finden. Auch dabei kann es hilfreich sein, den Mitarbeitern ebenfalls die Möglichkeit zu geben etwas zu sagen. Zudem sollte der Chef ihnen die neuen Ideen und Projekte auch zutrauen, auch wenn dahinter durchaus mal ein Fehler stecken kann.

Um das Vertrauen nicht zu gefährden, sollten außerdem nur Versprechen gemacht werden, die in jedem Fall gehalten werden können. Wenn man sich selbst nicht sicher ist, sollte lieber kein Versprechen gegeben werden, sondern die Situation genau erläutert werden. Zusagen müssen allein schon zur Sicherheit der Mitarbeiter eingehalten werden, sodass diese sich darauf verlassen können. Dabei ist es völlig egal, um welches Thema es sich handelt. Es sollte auch nicht einfach etwas versprochen werden, nur damit die Motivation hochgehalten wird. Wenn sich dann aber herausstellt, dass das Versprechen nicht gehalten wird, dann schießt nicht nur die Motivation in den Keller, sondern das Vertrauen wird ebenfalls zerstört.

Zusätzlich ist es als Führungskraft enorm wichtig, konsequent und berechenbar zu sein. Mitarbeiter benötigen diese Sicherheit zu wissen, wie der Vorgesetzte in bestimmten Situationen reagieren wird. Das muss auch bei jedem Mitarbeiter gleich sein, damit sich alle gleich behandelt fühlen.

Eingangs wurde von den Mitarbeitern als wichtige Ressource gesprochen. Das wird aus betriebswirtschaftlicher Sicht auch so sein, jedoch sollte sich der Vorgesetzte niemals so verhalten. Die Mitarbeiter dürfen von ihm nicht als Ressource gesehen werden, sondern vielmehr als Mensch. Ansonsten kann das Vertrauen schnell zerstört werden und Mitarbeiter fühlen sich nicht wertgeschätzt, sondern eher ausgenutzt. Sie dienen dann nur einem Zweck und werden nicht als Mensch betrachtet. Natürlich bekommen Mitarbeiter für ihre Arbeit Geld, aber es sind dennoch Menschen, die auch so wahrgenommen werden möchten.

Seitens der Führungskraft sollte daher ernstes Interesse gezeigt werden, was auch nicht gespielt sein darf. Früher oder später wird das Team dahinterkommen und das wird das gesamte Vertrauen auf einmal zerstören.

Eine Führungskraft hat definitiv viel zu tun, wenn es um das Thema Vertrauen geht. Nichts lässt sich schwieriger aufbauen als Vertrauen, weil dieses ehrlich verdient werden muss und genauso schnell auch wieder verschwinden kann.

Anreize schaffen und mit Emotionen vergüten

Vertrauen ist gut und kann bereits für Motivation bei den Mitarbeitern sorgen. Gleichzeitig kann Vertrauen aber nicht alles ausmachen und es wird immer wieder Mitarbeiter geben, die im Umgang motiviert werden müssen. Daher ist es entscheidend gewisse Anreize zu schaffen und Emotionen als Vergütung zu nutzen.

Wenn es um Anreize geht, wird immer gerne von intrinsischer und extrinsischer Motivation gesprochen. Bei intrinsischer Motivation ist die Arbeit als solche schon so eine große Belohnung, dass gerne gearbeitet wird und keine äußeren Faktoren als Anreiz benötigt werden. Das ist jedoch nur bei wenigen Mitarbeitern der Fall. Die meisten von ihnen benötigen weitere Anreize um motiviert arbeiten zu können.

Zu der extrinsischen Motivation hingegen zählen äußere Faktoren, die einen Anreiz für ein bestimmtes Verhalten geben sollen. Bei den äußeren Faktoren wird als erstes immer das Gehalt genannt. Natürlich arbeiten wir, um Geld zu verdienen, damit wir den nötigen Lebensunterhalt haben. Studien zeigen aber, dass der Anreiz von Geld in der Regel nicht auf Dauer groß ist. So wirkt sich eine Gehaltserhöhung zwar erst einmal positiv aus, aber der Effekt verpufft auch nach einiger Zeit wieder, sodass dann direkt wieder eine Gehaltserhöhung erfolgen müsste. Die meisten extrinsischen Anreize sorgen nur für kurze Zeit für Motivation. Intrinsische Motivation ist im Gegensatz dazu viel stabiler und kann die Leistung eines Mitarbeiters auf Dauer verbessern.

Intrinsische Motivation entsteht auch oftmals dann, wenn den Dingen einen Sinn gegeben wird und nicht einfach stumpf irgendwelche Regeln befolgt werden müssen. Mitarbeiter wissen, dass sie im Unternehmen nur ein kleines Rad sind. Dennoch möchten sie gerne wissen, um welches Rädchen es sich bei ihnen handelt und wie das Rad im Großen und Ganzen funktioniert. Sie möchten also den Sinn dahinter verstehen. Das kann dann einen sehr großen Anreiz darstellen.

An dieser Stelle können verschiedene Theorien von Experten zum Einsatz kommen. Bekannt ist dabei die Maslowsche Bedürfnispyramide. Ganz unten stehen die Physiologischen Grundbedürfnisse, die zum Überleben benötigt werden. Danach kommt Sicherheit und es folgen soziale Bedürfnisse, die ebenfalls erfüllt werden möchten.

Darüber kommt dann Wertschätzung und danach Selbstverwirklichung. Nach dem Grundgedanken muss dabei immer zuerst die unterste Stufe mit den physiologischen Grundbedürfnissen erfüllt sein, bevor ein Mensch in die nächste Stufe aufsteigen kann. Dabei besteht immer das Streben bis hin zur Selbstverwirklichung zu kommen.

Am Ende spielt in der Selbstverwirklichung der eigene Job eine wichtige Rolle. Vorher müssen jedoch alle anderen Bedürfnisse befriedigt sein. Es ist also gar nicht so leicht, intrinsische Motivation zu wecken, die dann wirklich nachhaltig ist und bessere Leistungen bringt.

Geldtechnisch Anreize zu schaffen wird als nicht sinnvoll empfunden, weil dieser Anreiz nur sehr selten für längere Zeit hält. Leider verpufft der Effekt des Geldes sehr schnell. Anreize sollten immer gezielt und bedarfsgerecht eingesetzt werden. Tatsächlich geben Firmen sehr viel Geld für Anreize aus. Leider werden die Anreize dann meist nicht gut verteilt, sodass der gewünschte Effekt gar nicht eintritt. Meistens lässt sich schlichtweg auch nicht gut messen, ob die Anreize wirklich einen Erfolg gebracht haben.

Wenn Anreize zur Motivation geschaffen werden, dann sollte diese immer zur Situation des Teams und Unternehmens passen. Auch die Mitarbeiterinteressen spielen dabei eine wichtige Rolle. Beispielsweise kann es sein, dass ein Mitarbeiter überhaupt keine Fortbildungen mag, während es für einen anderen Mitarbeiter ein sehr großer Anreiz sein kann, wenn er sich auf Seminaren und Fortbildungen noch weiterbilden kann. So müssen die Anreize immer auf die Situation angepasst werden.

Auch Emotionen können ein guter Anreiz sein, um Mitarbeiter nachhaltig motivieren zu können und die Leistungen zu steigern. Wenn sich der Vorgesetzte beispielsweise immer über die Leistungen des Teams freut, dann wirkt das ebenfalls motivierend, da die Emotion selbst ein sehr großer Anreiz ist.

Gleichzeitig ist es bei den Anreizen aber auch wichtig, dass die Anreize auch bekannt sind und das ist bei den Mitarbeitern sehr wichtig. Diese müssen wissen, was für Anreize vorhanden sind, damit diese unter Umständen auch wahrgenommen werden können. Bei den Anreizen ist es entscheidend, dass jeder Mitarbeiter Anreize für sich nutzen kann und dass diese auch ihn zugeschnitten werden.

Nur so kann eine Gleichbehandlung der einzelnen Personen sichergestellt werden.

Es kann sogar sinnvoll sein, mit jedem einzelnen Mitarbeiter zu sprechen und herauszufinden, was für Anreize dieser sich wünscht. Jeder Mensch hat in dieser Hinsicht andere Bedürfnisse, die erfüllt werden wollen. Am Ende muss von einer Führungskraft ein wirksames Anreizsystem gefunden werden, um die Motivation und Leistung des Teams nachhaltig steigern zu können. Gerne dürfen die Mitarbeiter auch eigene Anreize benennen, da sie sich selbst am besten kennen.

Es kann hilfreich sein, sich an der Psychologie zu orientieren. Dabei geht es um die Formen der Verstärkung und Formen der Bestrafung, die entweder bestärken oder hemmen sollen.

Es gibt zum einen die positive Verstärkung, es tritt dabei ein positiver Reiz ein, es kommt also etwas hinzu, was als positiv angesehen wird. Bei der negativen Verstärkung wird ein negativer Reiz weggenommen. Es verschwindet also etwas, was bisher als schlecht empfunden wurde, sodass sich die bisherige Situation verbessert.

Bei der ersten Option der Bestrafung tritt ein negativer Reiz ein, der dafür sorgt, dass das Verhalten in Zukunft eher weniger gezeigt wird. Bei der anderen Option von Bestrafung wir ein positiver Reiz entzogen, was dann wiederum als Bestrafung empfunden wird. Das funktioniert nicht nur bei Tieren, sondern auch bei Menschen sehr gut. Eine Führungskraft kann ziemlich gut entscheiden, welches Verhalten bestärkt und was eher gehemmt werden soll.

So können entsprechende Anreize geschaffen werden, die dafür sorgen, dass effektiv und gerne gearbeitet wird. Monetäre Anreize sind nicht zielführend und bieten keinen Anreiz, der über längere Zeit bestehen wird. Es ist daher gar nicht so einfach die passenden Anreize für die eigenen Mitarbeiter zu finden.

Motive erkennen und Mitarbeiter richtig motivieren

Mitarbeiter können auf dem unterschiedlichsten Wege motiviert werden. Das bedeutet aber nicht, dass sich wirklich jeder Weg für die Motivation eines Mitarbeiters eignet. Auch hier sind die Unterschiede sehr groß. Im ersten Schritt müssen dafür die Motive erkannt werden, die einen Mitarbeiter motivieren können.

Jeder Mitarbeiter hat andere Motive für das eigene Verhalten. Mitarbeiter sollen am Ende motiviert werden, damit sie bessere Leistungen erbringen und noch mehr Freude bei der Arbeit haben. Gerne wird Mitarbeitermotivation aber auch mit Manipulation verwechselt. Es ist nicht auf Dauer motivierend, wenn Geld, Boni, Status und Beförderungen im Spiel sind, denn das ist nur eine Manipulation, die auf kurze Dauer anhält.

Doch was motiviert Mitarbeiter wirklich?

Zum einen spielen die Motive wie bereits angesprochen eine wichtige Rolle. Sie treiben uns zum Handeln an und sorgen dementsprechend auch für Motivation. Neben den anderen Motivationstipps kann es daher sinnvoll sein, die Motive der einzelnen Mitarbeiter zu unterstützen. Manchmal reicht das Motiv aber nicht aus, um im beruflichen Kontext für Motivation zu sorgen. Dann müssen Alternativen her.

Mit den Motiven hängen auch die eigenen Ziele zusammen. Menschen sind ihre Ziele wichtig und sie wollen stolz auf das eigene Tun sein. Es werden immer Situationen vermieden, bei denen es gar keine Aussicht auf Erfolg gibt. Wenn das auch im Job so ist, ist es kein Wunder, dass die Motivation für die Arbeit nicht besonders hoch ist.

Zudem suchen Menschen soziale Beziehungen und Zugehörigkeit. Erfolg ist nur dann ein wirklicher Erfolg, wenn er durch andere bestätigt wird. Das bedeutet Anerkennung und dann auch Zugehörigkeit zu einer bestimmten Gruppe, was auf der Arbeit da jeweilige Team sein kann. Das ist ebenfalls wichtig, um die Motivation hoch halten zu können.

Für einige Menschen kann sogar Macht sehr motivierend sein.

Respekt, Status und Einfluss sind für viele Mitarbeiter sehr motivierend und treiben sie voran.

Wie sehr ein Mitarbeiter motiviert werden muss, hängt vor allem von seinem bisherigen Engagement ab. Mitarbeiter die nur Dienst nach Vorschrift machen arbeiten nur in ihrem Job um überhaupt Geld verdienen zu können. Für sie ist es nur ein Job, der das Überleben sichern soll. Menschen die nicht engagiert sind, sind das Auffassung, dass ihnen nicht genug bezahlt sind. Sie arbeiten schon etwas mehr und denken, dass sie wenigstens überhaupt einen Job haben. Ist ein Mitarbeiter einigermaßen engagiert, dann sieht er sich als Teil von etwas Größerem. Er fühlt sich einigermaßen zugehörig, ist aber auch weg, wenn er etwas Besseres finden sollte. Die Motivation hält sich bei dieser Art von Mitarbeitern immer noch in Grenzen.

Ein engagierter Mitarbeiter hingegen leistet einen entscheidenden Teil zum Gesamtergebnis und das sieht er auch so. Er sieht die eigene Arbeit als wichtig an und hat Erfolg dabei. Hoch engagierte Menschen haben eine sehr große Motivation. Sie lieben es im Unternehmen zu arbeiten und hoffen sogar, dass sie andere durch die eigene Arbeit inspirieren können. Sie machen den Job sehr gerne und sehen diesen auch als Selbstverwirklichung an. Diese Art von Mitarbeitern ist für ein Unternehmen sehr wichtig.

Letztlich soll die Mitarbeitermotivation erreichen, dass möglichst viele engagierte Mitarbeiter in dem Unternehmen zu finden sind. Doch was kann Mitarbeiter überhaupt motivieren und ist es möglich sie nachhaltig zu motivieren?

Es gibt tatsächlich einige Experten, die der Ansicht sind, dass es nicht möglich ist, wirklich berufliche Motivation herzustellen. Alle Bemühungen in Richtung Boni und Geschenke laufen leider immer ins Leere, weil am Ende immer die Belohnung im Vordergrund steht und nicht die eigentliche Arbeit. Dann müssen immer mehr Belohnungen erfolgen, damit die Motivation überhaupt aufrechterhalten werden kann.

Andere Fachleute hingegen sagen, dass es schlichtweg ein Privileg ist dauerhaft motiviert zu sein und Freude an der Arbeit zu haben. Das gilt aber nicht nur für die Mitarbeiter, sondern auch für die Chefs.

Viele Menschen sind deshalb motiviert, weil die Arbeit zur Sicherung der eigenen Existenz dient. Das dürfte sogar den allermeisten Menschen so gehen.

Studien zeigen aber auch deutlich, dass Lob und Anerkennung vom Chef sehr viel Wert sein können und oftmals zumindest für einige Zeit intrinsische Motivation auslösen kann. Damit Motivation aber überhaupt funktionieren kann, muss sie persönlich und situationsbezogen sein. Wenn es um Anerkennung geht, gibt es nicht eine Lösung die für alle Mitarbeiter passend ist. Daher sollte die Belohnung immer auch der Person angepasst werden. Auch deshalb ist es so wichtig, dass Vorgesetzte die eigenen Mitarbeiter kennen und genau wissen, was die größte Anerkennung für die jeweilige Person ist. Als Chef ist es auch gar nicht verwerflich, die Mitarbeiter gezielt danach zu fragen was sie schätzen. Ansonsten muss geraten werden und das geht meistens leider schief.

Außerdem muss die jeweilige Belohnung zur Motivation immer der Leistung angepasst werden. Das ist wichtig, damit Belohnung und Leistung in einem Verhältnis miteinander stehen. Große und schwere Aufgaben sollten daher eine größere Belohnung bekommen als kleine Aufgaben, die schnell erledigt waren. Außerdem müssen Belohnungen so schnell wie möglich erfolgen und passend sein. Wenn die Belohnung jedoch erst einige Wochen später kommt, dann wird der Mitarbeiter kaum motiviert werden, die betreffende Handlung noch einmal zu wiederholen.

Doch gibt es noch einfache Möglichkeiten mit denen Mitarbeiter motiviert werden können?

Ja! Als Führungskraft ist es sehr wichtig Interesse zu zeigen und die Mitarbeiter damit zu motivieren. Bewunderung kann wirklich beflügeln und ist daher enorm von Bedeutung. Dazu gehört auch Wertschätzung. Damit ist aber nicht nur ein Schulterklopfen gemeint, sondern dass der gebrachte Beitrag eines Mitarbeiters wirklich geschätzt wird. Bestimmten Aufgaben eines Mitarbeiters sollte daher ein hoher Wert beigemessen werden.

Zudem kann es sehr effektiv sein, einfach mal nach Hilfe zu Fragen, weil man auf das Können des Mitarbeiters bauen möchte. In diesem Zusammenhang kann auch Dankbarkeit gezeigt werden. Es gibt

Menschen, die helfen gerne und packen überall mit an. Wenn diese aber keine Dankbarkeit erfahren, dann werden diese schnell bitter und zeigen das großartige Verhalten in Zukunft nicht mehr. Daher ist es auch als Führungskraft wichtig Dankbarkeit zu zeigen, wenn sich Personen über Gebühr einsetzen, dann sollte das auch Dankbarkeit erfahren.

Ein Vorgesetzter darf sich auch revanchieren und sollte nicht immer reden. Das wird von Mitarbeitern wertgeschätzt und bringt Motivation zurück. Taten sind immer wichtiger, als einfach nur etwas zu sagen. Um Motivation zu finden kann es auch sehr hilfreich sein, wenn ein gemeinsames Ziel zu suchen. Das gesamte Team sollte dieses Ziel stets vor Augen behalten um motiviert bleiben zu können. Fraglich ist hierbei jedoch immer, ob ein gemeinsamer Nenner gefunden werden kann, der von allen getragen wird.

Als Führungskraft muss man vor allem auch sich selbst treu bleiben. Nichts mehr senkt die Motivation als wenn sich der Chef ständig anders entscheidet und eine andere Richtung einschlägt. Sprunghaftigkeit sorgt darüber hinaus für Verwirrung und bringt keine klare Linie. Um Motivation zu fördern, sollte auch mit positiver Sprache gesprochen werden. Verbote, Einschränkungen und negative Formulierungen sollten nach Möglichkeit nicht vorkommen. Stattdessen sollte der Fokus auf den positiven Aspekten liegen.

Auch wenn es sich um den Beruf dreht, sollte auch immer auf den Spaß geachtet werden. In einer lockeren und entspannten Arbeitsatmosphäre kann einfach besser gearbeitet werden. Es sollte immer wieder Momente geben, in denen auch einfach mal gelacht werden kann. Genauso sollten Erfolge auch gefeiert werden dürfen. Eine Führungskraft sollte sich zudem niemals zu sehr über einen Fehler eines Mitarbeiters ärgern. Fehler passieren, da wir Menschen sind. Dafür sollte niemals verurteilt werden. Passiert das dennoch, kann die Motivation ganz schnell im Keller landen.

Konflikte gekonnt lösen

Wenn eine Führungskraft eines können muss, dann ist es **Konfliktmanagement**.

Egal wie gut es im Unternehmen läuft, früher oder später wird es immer zu Problemen kommen. Unter Menschen gibt es immer mal wieder Konflikte oder Ungereimtheiten. Diese müssen auch gar nicht unbedingt vermieden werden, sollten aber so schnell wie möglich sauber gelöst werden.

Das ist Aufgabe des Vorgesetzten. Ein professionelles Konfliktmanagement sollte dabei helfen konstruktive und effektive Lösungen in schwierigen Situationen zu finden. Problematisch ist bei Konflikten, dass diese meist sehr schnell und irrational ablaufen. Dabei spielen negative Gefühle, Schuldzuweisungen oder Machtkämpfe zumeist eine wichtige Rolle. Die tatsächlichen Ursachen in einem Konflikt bleiben leider meistens verborgen. Das wiederum kann für noch größere Unzufriedenheit sorgen, sodass am Ende ein Teufelskreis entsteht und es immer wieder zu neuen Konflikten kommt.

Oftmals müssen Führungskräfte aber erst lernen, Konflikte zu managen und mit unangenehmen Situationen umzugehen. Dabei muss der Chef stets einen souveränen Eindruck machen und darf sich auf keine Seite stellen. Eine neutrale Haltung einzunehmen ist dabei auch für erfahrene Führungskräfte gar nicht so einfach.

Konfliktfreies Arbeiten wird es auch im besten Unternehmen niemals geben. Dafür treffen einfach zu verschiedene Charaktere aufeinander. Auseinandersetzungen kommen daher eigentlich immer dann vor, wenn mehrere Menschen zusammenarbeiten. Nur wenn Konflikte schnell gelöst werden, ist ein produktives arbeiten möglich.

Im ersten Schritt muss dafür erkannt werden, wie ein Konflikt entsteht. In den allermeisten Konflikten geht es um Grenzen die überschritten wurden. Das ist entweder eine subjektive oder objektive Wahrnehmung. Die Grenze wurde dabei vom Gegenüber überschritten. Das solche Grenzüberschreitungen entstehen, ist ganz normal, denn es treffen unterschiedliche Persönlichkeiten aufeinander, die verschiedene Ansichten haben.

Dazu kommen Menschen, die Konflikte meist meiden und lieber schweigen anstatt sich zu beschweren. Andererseits gibt es aber auch Personen, die keinen Konflikt scheuen und diesen unter Umständen auch gerne mal provozieren. Daher müssen Führungskräfte dabei stets in der Mitte stehen und sich neutral verhalten. Dabei sollte der Fokus darauf liegen zu erkennen, was für eine Ursache der Konflikt hat. Dazu müssen genaue Beobachtungen angestrengt werden, denn die Beteiligten werden in der Situation nicht ihre Karten offen legen.

Doch viel interessanter ist eigentlich, dass bessere Ergebnisse in Konfliktsituationen erzielt werden können. Oft wird versucht Konflikte so gut wie möglich zu verhindern, damit es im Beruf weiterhin eine harmonische Arbeitsatmosphäre gibt. Konflikte können jedoch durchaus sinnvoll sein, wenn mit ihnen gekonnt umgegangen wird. Auseinandersetzungen bieten die Möglichkeit, die Perspektiven anderer besser zu verstehen und diese dann ernst zu nehmen. So gelangen auch neue Gedanken und Entwicklungen in den Raum und können Beachtung erhalten.

Aus Konflikten sollte eine Lehre gezogen werden, weshalb gelungene Konflikte sogar Vorteile mit sich bringen können. Durch Achtsamkeit, Respekt und gutes Konfliktmanagement kann der Weg für sehr gute Leistungen freigemacht werden. Durch die wertvolle Zusammenarbeit entsteht dann wieder mehr Motivation und alle arbeiten an einem gemeinsamen Ziel.

Ein Konflikt kann von einem Vorgesetzten dann gut gelöst werden, wenn dieser allen Beteiligten gut zuhört und sich keine direkte Meinung bildet. Eine Führungskraft muss sich nicht auf irgendeine Seite schlagen, sondern ist dafür zuständig, dass sich beide Seiten wieder annähern. Dafür ist viel Management und Ruhe erforderlich. Beide Parteien müssen in jedem Fall an einen Tisch gebracht werden und es muss ruhig und besonnen miteinander gesprochen werden.

Wenn ein Konflikt erfolgreich gelöst werden konnte, dann kann dies sogar zur Stärkung des Teamgeists beitragen. Dafür muss es jedoch ein Ergebnis geben, was alle Partien zufriedenstellt. Zusammen schafft man am Ende immer mehr als allein und es wird an einer gemeinsamen Sache gearbeitet. Außerdem kann Vertrauen und Respekt entstehen.

Das ist dann möglich, wenn die Führungskraft den Konflikt früh genug erkennt und dann entschärft. So macht diese einen souveränen Eindruck und die Mitarbeiter entwickeln mehr Vertrauen und Respekt gegenüber dem Chef, der auch schwierige Situationen gut im Griff hat.

Zuletzt muss der Vorgesetzte auch ein Vordenker sein. Er muss immer einen Schritt voraus sein und Sicherheit ausstrahlen, damit unter den Mitarbeitern auf keinen Fall Unsicherheit entstehen kann. Konflikte können durch vorausschauendes Denken sehr gut verhindert werden. So fühlen sich die Mitarbeiter wohler und sicherer im eigenen Arbeitsumfeld.

Damit ein Konflikt nicht eskaliert, müssen beide Parteien sich gegenseitig zuhören und ausreden lassen. Gelingt das nicht, müssen evtl. Pausen eingelegt werden. Beide Gesprächspartner müssen so gut wie möglich versuchen sachlich zu bleiben und dürfen keine wertenden Äußerungen treffen. Im Ernstfall kann es sogar sinnvoll sein, die verschiedenen Argumente vorher aufzulisten und beiden Parteien zu erklären. Zudem sollte jeder zu Wort kommen und ungefähr den gleichen Redeanteil haben, damit nicht einer die Situation beherrschen kann.

Kommunikation ist zum Lösen von Konflikten das wichtigsten Mittel. Dabei kann es auch schon ausreichen einfach zuzuhören. Wenn jemand sich beschwert, dann sollte die Botschaft sachlich wiedergegeben werden, damit der Kollege sich verstanden fühlt. Das ist sehr wichtig, damit der Ärger wieder abnehmen kann und es nicht zu einer Eskalation der Situation kommt.

Probleme delegieren

Das sich Führungskräfte mit Problemen auseinandersetzen müssen ist nichts Neues. Immer wenn etwas nicht so läuft wie gewollt kommen Führungskräfte zum Einsatz.

Doch in verschiedenen Bereichen kann es durchaus sinnvoll sein, wenn delegiert wird. Das bedeutet nichts anderes, als das Vorgesetzte verschiedene Dinge an ihrer Mitarbeiter übergeben. Sie kümmern sich nicht um jede Aufgabe selbst, sondern delegieren diese und lassen einige Aufgaben vom Team erledigen. Auch eine Führungskraft kann nicht alle Aufgaben selbst erledigen. Doch nicht nur Aufgaben können übertragen werden, sondern z.B. auch Probleme.

Für Vorgesetzte kann es zuerst eine große Überwindung darstellen, wenn Dinge delegiert werden müssen. Viele Chefs sind auch heute noch der Ansicht, dass es kacke wird, wenn man es nicht selber macht. Doch man kann am Ende einfach nicht alles selbst erledigen, sodass früher oder später in jedem Fall delegiert werden muss.

Führungskräfte müssen beim Delegieren auch nicht befürchten, dass sie dadurch weniger kompetent aussehen könnten. Immerhin können sie sich selbst aussuchen, was für Aufgaben übertragen werden sollen. Es ist außerdem nicht richtig, dass das Ergebnis schlechter wird, wenn Dinge delegiert werden. Im Gegenteil: Durch das Mitwirken anderer Mitarbeiter können sogar neue Ideen und Ansätze entstehen.

Zudem muss nicht befürchtet werden, dass es zu einem Kontrollverlust kommen könnte, denn bei Bedarf kann die Aufgabe jederzeit wieder zurückgezogen werden. Es ist nur wichtig, sich einen guten Plan zu machen um die Übersicht davon zu behalten wer welche Aufgabe durchführt. Zudem lassen sich Abläufe sehr stark beschleunigen, wenn mehrere Personen beteiligt werden.

Auch Probleme können durchaus delegiert werden. Ein Vorgesetzter muss sich nicht mit jedem einzelnen Problem beschäftigen. Wenn man sich entschieden hat Probleme zu übertragen, dann muss in den nächsten Schritten noch entschieden werden welche Probleme genau delegiert werden können und was davon wirklich von anderen Mitarbeitern übernommen werden kann und soll.

Zudem sollte es direkt eine Zuteilung darüber geben, wer die jeweilige Problematik übernehmen soll und wie umfangreich vorher eine Information erfolgen sollte.

Für die Mitarbeiter kann es sogar eine große Anerkennung sein, wenn Probleme delegiert werden und sich jemand anderes mit der Problematik beschäftigen darf. Ihnen wird damit Verantwortung und Wertschätzung entgegengebracht.

Natürlich sollte auch klar sein, dass nicht jede Art von Problem delegiert werden kann, genauso wie auch nicht jedes Problem einfach vermieden werden kann. Probleme entstehen im beruflichen Kontext immer wieder und sie sind dazu da um gelöst zu werden.

In verschiedenen Bereichen delegieren zu lernen ist als Führungskraft jedoch von enormer Bedeutung. Spätestens wenn Aufgaben und Probleme zunehmen, dann muss früher oder später delegiert werden. Wenn ein Vorgesetzter das kann, dann zeugt dies von wahrer Stärke, denn er kann Verantwortung abgeben und traut seinen Mitarbeitern auch etwas zu. Das wiederum kann den Zusammenhalt stärken. Das Team bekommt dann das Gefühl ebenfalls sehr wichtige Aufgaben zu bekommen und am Ende zu einem Gesamtziel beizutragen.

Das wiederum ist entscheidend, um die Motivation hochhalten zu können und möglichst effektiv zu arbeiten. Delegieren ist und bleibt jedoch eine Königsdisziplin, die nicht jedem gelingt.

Gesten erkennen und nutzen - Wie Sie Mitarbeiter lesen und verstehen können

Um ein Unternehmen zum Erfolg führen zu können ist es sehr wichtig auch Mitarbeiter lesen und verstehen zu können.

Die Mitarbeiter entscheiden am Ende darüber, wie gut ein Unternehmen funktionieren kann. Doch zwischen Mitarbeitern und Führungskräften kommt es leider sehr oft zu Missverständnissen. Das liegt beispielsweise daran, dass Situationen und Sachverhalten von beiden Seiten unterschiedlich wahrgenommen werden.

Um das zu vermeiden sollten Mitarbeiter gelesen und verstanden werden. Damit das möglich ist, spielt Kommunikation eine entscheidende Rolle. Vorgesetzte gehen dabei viel zu oft davon aus, dass alle anderen auch dieselbe Sicht haben wie man selbst. Stattdessen sollte lieber davon ausgegangen werden, dass die Mitarbeiter eine andere Sicht haben als man selbst.

Wenn es darum geht Gesten erkennen und zu nutzen dann spielt die Körpersprache eine entscheidende Rolle. Unser Körper spricht immer, selbst wenn wir selbst das gar nicht möchten. Das kann sich auch eine Führungskraft zu Nutze machen. Wir müssen nicht immer offen kommunizieren, denn unser Körper spricht für uns. Insgesamt gehören dazu Körperhaltung, Mimik und Gestik. Damit Gesten genau erkannt werden können, sollte auch immer die gesamte Körpersprache betrachtet werden.

Dafür muss die Macht der Gesten erkannt werden. Führungskräfte denken auch heute leider noch viel zu selten über die Körpersprache und deren Wirkung nach.

Daher ist der Satz „man kann nicht kommunizieren.“, wahr.

Die Gesten machen mit der Körpersprache etwa 80 Prozent der kommunikativen Wirkung aus. Während wir mit unseren Worten lügen können, sind Gesten und Mimik schwerer zu kontrollieren. Sie können daher sehr schnell verraten was wir wirklich denken oder fühlen.

Insgesamt beherrschen Menschen mehr als 5.000 Gesten. Gestik wird auch gerne als Summe aller möglichen Bewegungen bezeichnet und ist immer Begleiterscheinung der nonverbalen Kommunikation. Führungskräfte können gezielt lernen, die jeweiligen Gesten richtig zu deuten. Außerhalb eines Kulturkreises können die einzelnen Gesten durchaus verschiedene Bedeutungen haben.

Unsere Gestik wird meistens unbewusst eingesetzt. Deshalb ist es wichtig, sich darüber im Klaren zu sein, was Gesten für eine Wirkung haben können. Gestik kann in fünf verschiedenen Formen unterschieden werden:

- **Regulatoren:** Diese Gesten wirken ziemlich bewusst. Sie sind meistens regulierend. Wenn man beispielsweise spricht und nicht unterbrochen werden möchte, zeigt man dem Zuschauer deutlich durch die Gestik, dass man nicht unterbrochen werden möchte.

- **Illustratoren:** Hierbei handelt es sich um Gesten, die das gesagte unterstreichen bzw. beschreiben. Wenn wir etwas erzählen, dann verdeutlichen wir mit unserer Gestik wie groß etwas ist. Wir unterstreichen damit unsere eigenen Aussagen und verdeutlichen Dimensionen.

- **Affektgesten:** Die Gesten können Emotionen ausdrücken. Das geschieht meist ohne direkte Kontrolle und aus dem Affekt heraus. Dazu gehören auch Mikrogesten, die von uns nicht direkt gesteuert werden können. Dabei spielen z.B. die Augenbrauen eine wichtige Rolle, sie werden dann für einen winzig kleinen Moment zusammengezogen.

- **Embleme:** Embleme sind Signale, die entweder kulturellen oder gesellschaftlichen Ursprung haben. Dazu gehört beispielsweise, dann ein Nicken „ja“ bedeuten soll. Embleme können so sogar Wörter ersetzen, sodass wir nicht mehr sprechen müssen um doch zu kommunizieren.

- **Adaptoren:** Diese Gesten laufen absolut unbewusst ab. Sie werden bereits in der Kindheit erlernt und werden dann von Kindern adaptiert.

Das sind bestimmte Gesten, die immer wieder durchgeführt werden. Das gilt vor allem in Situationen in denen wir gestresst oder nervös sind. Dann gibt es immer wieder einzelne Gesten die vermehrt durchgeführt werden.

All diese Gesten müssen erst einmal verstanden werden. Gesten können aber noch mehr, denn sie können auch den Status einer Person kennzeichnen und ausdrücken. Wir können ihn also aufwerten und auch abwerten. Je nach Geste sind wir somit auch in der Lage andere Menschen zu beeindrucken. Damit kann das eigene Selbstwertgefühl nachhaltig beeinflusst werden.

Selbst wenn Führungskräfte schon viel Erfahrung haben, kann es beim Deuten von Gesten immer wieder zu Fehlinterpretationen kommen. Das hängt damit zusammen, dass sehr viele Informationen auf einmal in der Körpersprache enthalten sind.

Wenn mit einem Mitarbeiter ein Gespräch geführt wird, sollte eine Führungskraft ganz aufmerksam sein und die betreffende Person ganz genau beobachten. Zu Beginn können bereits ein paar Sekunden sehr anstrengend sein, da wir ständig Gesten machen, die erst einmal verstanden werden müssen.

- **Isolation:** Wenn sich jemand beim Reden an die Nase fasst, dann wird das gerne als Signal für eine mögliche Lüge gesehen. Genauso gut kann es aber auch sein, dass es dem Gegenüber einfach nur an der Nase juckt.

- **Kontext:** Gesten dürfen niemals einzeln betrachtet werden, sondern müssen immer im Kontext betrachtet werden. Nur wenn alle Signale der Körpersprache beobachtet werden, kann eine verlässliche Aussage getroffen werden. Je nach Kontext kann die Körpersprache etwas ganz anderes bedeuten.

- **Betriebsblindheit:** Der Halo-Effekt beschreibt in der Psychologie Fehler in der eigenen Wahrnehmung. Einzelne Eigenschaften können so dominant auf uns wirken, dass andere Aspekte davon überstrahlt werden.

So entsteht ein verzerrter Gesamteindruck. Eine sehr dominante Geste kann schon dafür sorgen, dass wir eine Person durch eine ganz andere Brille betrachten.

Gesten sind sehr wichtig, denn sie kommen immer zum Einsatz. Am einfachsten ist es, wenn man als Vorgesetzter langsam beginnt. Dabei kann es hilfreich sein die Mitarbeiter auch im Umgang miteinander genau zu beobachten. Wie verhält sich ein Mitarbeiter im Gespräch? Gibt es evtl. Signale die ausgesendet werden? Benimmt er sich etwas nervös und ist daher innerlich unruhig? Oder wirkt der Mitarbeiter sehr souverän und kann vielleicht einfach nur gut verbergen wie aufgeregt er ist?

Aus Sicht des Mitarbeiters sind viele Gesten möglich, die zuerst entschlüsselt werden müssen. So gibt es auch sehr typische Gesten, die im Alltag immer wieder vorkommen.

Beispiel: verschränkte Arme können eine komplett unterschiedliche Wirkung erzielen. Sie können bedeuten, dass eine Person einfach nicht weiß wohin mit ihren Armen. Andererseits kann durch die Geste aber auch eine abwertende Haltung gezeigt werden. Je nach Verschränkung kann die Gestik auch Nervosität und Beklemmung bedeuten. Ablehnung bedeutet die Geste dann, wenn die Ellenbogen mehr nach außen gedrückt werden. Als Führungskraft kann dann freundlich gesprochen werden, bis die verschränkte Armhaltung aufgegeben wird.

Das zeigt sehr gut, dass eine Geste verschiedene Wirkungen haben kann, dabei ist die Situation sehr entscheidend und kann einen Unterschied ausmachen. In jedem Fall sollte jede Führungskraft immer ganz genau hinschauen.

Psychologie ist kein Zauberwort und erfordert keinen Doktorabschluss

Psychologie spielt für eine Führungskraft tatsächlich eine größere Rolle.

Wann immer es darum geht Mitarbeiter zu beobachten oder das Verhalten und ihre Gesten zu deuten kommen psychologische Verfahren zur Anwendung.

Das kann im ersten Moment beängstigend auf eine Führungskraft wirken, denn immerhin möchte man eigentlich nur Vorgesetzter sein und das eigene Team leiten. Das man dafür auch noch einen Doktorabschluss in Psychologie benötigt hat dabei keiner gesagt.

Doch das ist auch gar nicht notwendig! Psychologie ist kein Zauberwort und erfordert keinen Doktorabschluss! Um eine gute Führungskraft werden zu können muss man sich also nicht zu intensiv mit Psychologie auseinandergesetzt haben. Es kann jedoch nicht schaden, wenn man in dieser Richtung ein gewisses Interesse mitbringt.

Doch die meisten kleineren psychologischen Tricks lassen sich ganz einfach erlenen und dann auch anwenden. Aber darum soll es im nächsten Kapitel gehen. Grundsätzlich ist die Psychologie im beruflichen Kontext deshalb wichtig, weil sie sich mit dem Menschen und seinem Verhalten beschäftigt.

Immer dann, wenn man ein bestimmtes Verhalten ergründen möchte, muss nach den Ursachen geforscht werden. Diese sind mal mehr, mal weniger offensichtlich. Als Chef muss man dann nur die richtigen psychologischen Tricks kennen. Aus Sicht der Mitarbeiter werden die sogenannten „Psycho-Tricks“ auch gerne mal negativ gesehen, weil sie auch unter dem Stern der Manipulation und Beeinflussung stehen können. Doch richtig angewendet dienen die Tricks dem besseren Zusammenarbeiten und nicht der Manipulation und Ausnutzung einzelner Personen.

Hierbei sollte klar definiert werden, was das Ziel ist. So ist ein gutes Konfliktmanagement beispielsweise auch immer nur dann möglich, wenn einige psychologische Beobachtungen gemacht werden können. Diese helfen einem Vorgesetzten dann dabei, die Mitarbeiter besser zu verstehen und ihr Verhalten richtig einordnen zu können. So kommt es zu weniger Missverständnissen und die gewünschten Bedürfnisse der Mitarbeiter können eher erfüllt werden.

Natürlich sollten alle psychologischen Tricks immer eher unauffällig angewendet werden. Schon allein immer deshalb, weil Psychologie trotz allem komplex ist. Es kann immer passieren, dass die Beobachtungen fehlinterpretiert werden. Mit allen Überlegungen muss eine Führungskraft in dieser Hinsicht daher sehr vorsichtig sein und darf nichts übereilen. Wenn z.B. etwas beobachtet wird, kann sie das Verhalten jedoch indirekt ansprechen und so fühlen sich die Mitarbeiter besser verstanden.

Doch das Team sollte niemals das Gefühl bekommen, dass der Chef jetzt gerade mal wieder einen seiner Tricks anwendet und so das Team vielleicht auch gegenseitig gegeneinander aufbringt. Das darf keinesfalls das Ziel der Psychologie sein, die sich eigentlich nur näher mit den Verhaltensweisen des Menschen beschäftigt.

Am Ende sollte jeder Vorgesetzter einfach nur im Hinterkopf haben das Psychologie wichtig ist und auch im beruflichen Umfeld eine große Rolle spielt. Jeder von uns sendet unbewusst Signale und hat bestimmte Verhaltensweisen. Richtig genutzt kann das der Führungskraft dabei helfen die Mitarbeiter besser zu verstehen und eine engere Zusammenarbeit im Team zu erreichen. Durch Verständnis und dadurch entstehende Wertschätzung steigt die Motivation und Effektivität des Teams. Letztlich ist Psychologie kein Zauberwort und einzelne Methoden und Tricks lassen sich recht schnell erlernen, vor allem wenn der Chef daran Interesse hat die Mitarbeiter besser zu verstehen.

Psychologische Tricks anwenden

Doch was für psychologische Tricks gibt es im Alltag eines Vorgesetzten eigentlich und wie können diese angewendet werden?

Tatsächlich gibt es eine reine von psychologischen Tricks, die mehr oder weniger sinnvoll sind. Der Vorgesetzte muss dabei nur immer überlegen, wobei hier eigentlich die Grenzen der Manipulation sind. Natürlich gehört ein wenig Manipulation auch in unseren Alltag, doch es gibt auch einige Psycho-Tricks, die auch ein Chef nicht einfach anwenden darf.

Immer dann, wenn die psychologischen Tricks auf die Kosten anderer Menschen gehen und deren Erfolg und Gesundheit beeinflussen könnten, dann ist eine Grenze erreicht, die nicht überschritten werden sollte. So dürfen Mitarbeiter beispielsweise auch nicht gegeneinander aufgeheizt werden. Der Vorgesetzte muss dabei ganz klar die eigenen Aufgaben im Kopf behalten und auch nur in diesem Sinne handeln.

Psychologische Tricks dürfen für den Vorgesetzten nicht nur zur Unterhaltung dienen. Wer die Tricks ausnutzt, der möchte mit dem Team an die Grenzen gehen und die Charakterstärke eines jeden auf den Prüfstand stellen. Es darf nicht das Ziel sein, die Tricks nur anzuwenden, um die Angst der Mitarbeiter auszunutzen. Als Vorgesetzter muss man sich daher immer bewusst sein, dass man sich in einer privilegierten Lage befindet. Das gesamte Team ist schlichtweg von einem abhängig und hat keine andere Wahl als zu gehorchen.

Das kann aber das Arbeitsverhältnis stark beeinflussen. Angst und Manipulation sorgen am Ende immer dafür, dass die Effektivität sinkt und Kreativität gar nicht mehr ausgeübt werden kann, weil diese im Gehirn blockiert wird. Das kann in keinem Fall zielführend sein. Die falsche Manipulation wird immer dafür sorgen, dass der Erfolg des Unternehmens sinkt.

Stattdessen gibt es einige psychologische Tricks, die gezielt zur Anwendung kommen können. Vorweg: Jeder dieser Tricks mag richtig umgesetzt funktionieren. Eine Führungskraft sollte jedoch immer genau überlegen, welcher dieser Tricks angewendet werden sollte und Sinn macht.

Wenn es bei einem bestimmten Bereich im Team gar kein Problem gibt, sollte der psychologische Trick auch nicht zur Anwendung kommen. Einige der Aspekte sind auch gar nicht so sehr als „Tricks“ zu verstehen, sondern als Anwendungsmöglichkeiten, um die Zusammenarbeit im Team zu verbessern.

Zunächst sollte immer versucht werden, die Arbeitsbeziehung so positiv wie möglich zu gestalten. Da das nicht immer einfach ist, dürfen durchaus psychologische Tricks zur Anwendung kommen. Um das Team erfolgreich führen zu können sollte der Fokus immer darauf liegen Vertrauen zu den Mitarbeitern aufzubauen. Auch hierbei helfen einige gezielte Tricks, damit Vertrauen schneller entstehen kann. Umso wichtiger ist es, dass dieses Vertrauen später nicht ausgenutzt wird. Dann geht es genauso schnell auch wieder verloren. Um den Zusammenhalt zu stärken können außerdem gezielt Visionen entwickelt werden. Diese sorgen für ein stärkeres Wir-Gefühl, was durch die Visionen einfach stärker hervortritt. Auch das kann als Manipulation bezeichnet werden, wirkt sich letztlich aber sehr positiv auf das Team aus.

Ziel der Führungskraft sollte es auch immer sein, die Mitarbeiter möglichst gut an den jeweiligen Arbeitsplatz zu binden. Sie sind auf ihrem Gebiet Experten und können die Aufgaben am besten erledigen. Damit das möglich ist, kann gezielt Wertschätzung zum Einsatz kommen. Wenn Menschen sich in ihrem Handeln bestätigt fühlen, dann arbeiten sie lieber und erledigen Aufgaben noch effektiver. Hierbei kann Lob vom Vorgesetzten ganz gezielt eingesetzt werden. Auch hierbei gilt jedoch, dass bei der Wahrheit geblieben werden sollte. Es nützt keinem etwas, wenn beispielsweise ein Mitarbeiter gelobt wird, der gar keine gute Leistung erbracht hat. Dieser interpretiert das Lob dann völlig falsch. Wichtig ist jedoch, sich als Chef auch mal mehr auf ein Lob zu konzentrieren, was sonst auch schnell mal untergehen kann.

Ein weiterer psychologischer Trick ist es auch, wenn das Prinzip der Gegenseitigkeit eingesetzt wird. Wenn uns jemand einen Gefallen tut, dann entwickeln wir daraus automatisch eine Verpflichtung den Gefallen zurückgeben zu müssen. Meistens ist dieser Gefallen dann sogar noch viel größer. Auch das kann im Arbeitsumfeld konstruktiv umgesetzt werden, um die Bindung zueinander zu verstärken.

Bei einem weiteren kleinen Trick geht es darum, den Mitarbeiter von selbst in die richtige Richtung zu lenken. Wenn ein Vorgesetzter also weiß, dass sich ein Mitarbeiter nur sehr schwer vom neuen Vorhaben überzeugen werden lässt, dann kann er die „Fuß-in-der-Tür-Technik" anwenden. Dabei wird der andere dazu verleitet zuerst den Schritt in die gewünschte Richtung zu tun. Er ist dann praktisch von selbst auf die Ideen gekommen.

Auch der sogenannte Gruppenzwang kann psychologisch genutzt werden. Menschen nehmen tendenziell nur sehr ungerne eine andere Haltung ein. Sie haben eher die Meinung der Gruppe und schließen sich dieser an. Das gilt auch im Job und kann sich eine Führungskraft zu Nutze machen, wenn sie eine bestimmte Meinung prägen möchte.

Weitere Tricks:

- Freundschaftstrick
- Autoritätstrick
- Gesetz der Knappheit
- Macht der Wiederholung
- Bedeutung der Gefühle

All das sind weitere Tricks, die ebenfalls zur Anwendung kommen können, aber in jedem Fall mit Vorsicht genossen werden sollten.

Der Freundschaftstrick zielt darauf ab gezielt eine Freundschaft zu entwickeln, während es bei der Autorität darum geht, diese gezielt auszuspielen um den Mitarbeiter in die richtige Richtung zu lenken. Auch hierbei darf niemals mit der Angst des Teams gespielt werden.

Auch das Gesetz der Knappheit spielt durchaus eine wichtige Rolle, weil so innerlich schnell der Eindruck steht bei etwas schnell zu sein, da die Ressourcen knapp sind. Nach dem Gesetz der Wiederholung geben mehrfache Wiederholungen immer mehr Sicherheit und verleiten einen Mitarbeiter dazu immer dasselbe zu tun. Zuletzt ist die Bedeutung der Gefühle sehr wichtig. Führungskräfte können ihre Mitarbeiter durch Emotionen konstruktiv beeinflussen.

Wie wichtig Emotionen sind, wurde bereits in einem der letzten Kapitel erläutert. Um die Emotionen gezielt einsetzen zu können ist eine unmittelbare Reaktion immer entscheidend. So erhält der Mitarbeiter direkt ein Feedback für seine Arbeit und wird sein Verhalten je nach Emotion in Zukunft beibehalten oder auch verändern.

Letztlich sollte sich jede Führungskraft nur bewusst machen, dass psychologische Tricks zwar wichtig sind, diese aber falsch angewendet auch viel zerstören können. Letztlich sollten die Tricks nur auf konstruktiver Ebene zum Einsatz kommen und niemals die Angst der Mitarbeiter ausnutzen. So wird die Effektivität des Teams in keinem Fall erhöht. Psychologische Tricks sind also wertvoll, sollten aber mit Vorsichtig genossen werden.

Kommunikation - Reden und Austauschen

Eine sehr wichtige Führungskompetenz ist die Kommunikationsfähigkeit.

Das fällt manchen Vorgesetzten leichter, anderen wiederum fällt es schwerer. Das hängt immer ein wenig davon ab, wie Kommunikation im bisherigen Leben erlebt wurde. Manche Menschen kommunizieren nicht gerne, sondern nehmen Sachen dann einfach in sich auf und sprechen nicht darüber.

Das ist gerade im beruflichen Kontext jedoch nicht der richtige Weg. Es ist unerlässlich auch über Probleme und Konflikte zu sprechen. Selbst wenn es positive Aspekte gibt, sollte darüber immer kommuniziert werden. Nicht umsonst wird Kommunikationsfähigkeit immer wieder als wichtige Kompetenz bei Führungskräften angesehen.

Kommunikationsfähigkeit meint aber nicht direkt, möglichst viel zu sprechen. Manche Menschen hören sich selbst zwar sehr gerne reden, dass ist aber nicht unbedingt zielführend. Am Ende geht es bei der Kommunikation darum zu reden und sich auszutauschen. Damit sind grundsätzlich beide Seiten gemeint. Nur weil eine Führungskraft die ganze Zeit spricht, kann also nicht von einer guten Kommunikation die Rede sein.

Kommunikation ist wichtiger Bestandteil unserer Gesellschaft. Wir können nicht nur über Gespräche kommunizieren, sondern z.B. auch über die sozialen Medien. Am Ende geht es bei der Kommunikation immer um den Austausch von Informationen. Die Fähigkeit zur Kommunikation meint dann in etwa, dass die Fähigkeit vorhanden ist eine gute Kommunikation zu führen. Dafür muss erkannt werden, was der Gegenüber eigentlich möchte. Nicht jeder Mensch kann sich jedoch so gut in andere hineinversetzen und das entsprechende Verständnis aufbringen.

Bei guter Kommunikationsfähigkeit können Führungskräfte die eigenen Botschaften gut übermitteln und empfangene Informationen sehr klar und deutlich interpretieren.

So können Missverständnisse in der Kommunikation beispielsweise vermieden werden. Durch eine Kommunikation können beide Seiten auch in Beziehung miteinander treten. Kommunikation kann nämlich verbinden und sollte vom Chef daher ganz gezielt eingesetzt werden. So kann in einem Gespräch auch recht schnell von einem Außenstehenden erkannt werden, wie die beiden Parteien miteinander in Beziehung stehen.

Um gute Kommunikationen zu führen darf der Chef nicht nur selbst reden, sondern muss genauso gut zuhören können. Zudem sollte er sich in jedem der Gespräche fragen, worauf der Geschäftspartner gerade eigentlich hinaus will. Welches Ziel wird mit dem Gespräch verfolgt? Nur so können Absichten entstehen, mit denen das Gespräch erfolgreich gelenkt werden kann.

Wie bereits angesprochen sollte die Führungskraft in der Kommunikation auch immer die Körpersprache im Auge haben. Diese sagt viel deutlicher aus, was der Gegenüber gerade eigentlich denkt. Außerdem sollte der Vorgesetzte wissen, dass es in Gesprächen immer wieder zum Missverständnissen kommen kann. Oft kann sich der Sender nicht gut ausdrücken und deshalb kommt beim Empfänger eine andere Information an als die, die eigentlich versendet werden sollte.

Bei der Kommunikation macht auch der Ton die Musik. So lässt sich meistens schon anhand der ersten Worte erkennen, wie die Stimmung des Gegenüber ist. Das kann für einen Chef sehr hilfreich sein, weil dieser dann sofort weiß, worauf er sich im Gespräch einlassen muss und wie er dieses vielleicht wieder in die richtigen Bahnen lenken kann.

Gleichzeitig sollten die Mitarbeiter die Führungskraft aber auch deutlich interpretieren können. So sollte im Ton immer die eigentliche Intention mitschwingen, damit es dann später nicht zu einer bösen Überraschung kommt, mit der keiner gerechnet hat.

Eine Kommunikation kann dann besonders erfolgreich sein, wenn beide Parteien versuchen den anderen zu verstehen. Dazu ist in der Regel ein Perspektivwechsel erforderlich. Dieser kann eine ganz andere Sichtweise ermöglichen. Nicht immer haben beide Seiten die Fähigkeit, sich in den anderen hineinzuversetzen, denn dafür muss ein reflektierendes Verhalten vorhanden sein.

So kann es aber sehr hilfreich sein zu überlegen, wie das Gesagte bei dem Gegenüber ankommen kann. Kann Verständnis für die gesamte Situation aufgebracht werden und was wird eigentlich zwischen den Zeilen gesagt? Oftmals wird dabei noch eine ganz andere Botschaft transportiert, die vom Vorgesetzten dann erkannt werden muss.

Bei einer guten Kommunikation geht es aber auch darum Empathie zu empfinden und den anderen ausreden zu lassen und ihn nicht zu unterbrechen.

Das ist manchmal schwer, wenn es einem schon förmlich unter der Zunge brennt. Dennoch gehört das zur wichtigen Wertschätzung des Gegenübers.

Für beide Seiten ist das Timing darüber hinaus sehr wichtig. Bereits als Kind lernt man, dass es Momente gibt, in denen man die Eltern sehr gut ansprechen kann, dann aber auch wieder Momente, in denen das Timing ganz schlecht ist. Am Ende entscheidet das richtige Timing darüber, wie erfolgreich man mit dem eigenen Anliegen sein wird. Das gilt auch im Berufsleben. Wenn es um ernsthafte und wichtige Gespräche geht, sollte ohnehin immer eine sichere und ruhige Atmosphäre gewählt werden.

Von einigen Experten wie die Kommunikation nicht umsonst als wichtigsten Führungswerkzeug angesehen.

Da Kommunikation nicht nicht stattfinden kann, ist sie eigentlich immer da.

Beim Delegieren, bei Kritik oder beim coachen sowie motivieren kommt immer auch Kommunikation zum Einsatz. Als Führungskraft ist man außerdem oftmals in der Lage, seinen Mitarbeitern etwas verkaufen zu müssen. Das kann letztlich nur über gute Kommunikation gelingen.

Bei jeder Kommunikation sollte folgendes Bild im Kopf bleiben, um möglichst gut kommunizieren zu können.

Das ist in erster Linie Aufgabe des Vorgesetzten:

1. Der Sender codiert seine Nachricht, sie wird in einem Gespräch als benannt. Dadurch gibt es ein Signal.

2. Dieses Signal landet beim Empfänger und dort muss es decodiert werden. Am Ende kommt die Nachricht also beim Empfänger an.

3. Dieser reagiert nun auf die Nachricht, sodass wieder ein Signal entsteht.

Genau beim Codieren und decodieren kann einiges schieflaufen. In diesen Fällen kommt es zu einem Missverständnis in der Kommunikation. Wenn dieses schnell wieder aufgeklärt werden kann, kommt es in der Regel nicht zu Problemen. Hierbei spielt auch das Vier-Seiten-Modell eine wichtige Rolle. Es entscheidet darüber, wie eine Nachricht aufgenommen werden kann.

Dessen sollte sich eine Führungskraft immer bewusst sein, denn dadurch wird Kommunikation maßgeblich beeinflusst.

- **Sachebene:** Wenn eine Nachricht auf der Sachebene stattfindet, dann wird die Information so verstanden wie sie eben ist. Beispiel: Heute wird es sonnig. Nichts mehr als die reine Information steckt dahinter.

- **Appellebene:** Auf dieser Ebene wird das Gesagte als Appell verstanden etwas zu tun. Beispiel: Der Müll ist schon wieder voll. Dies könnte auch eine reine Information sein, wird jedoch dann als Appell verstanden den Müll endlich wieder zu leeren.

- **Beziehungsebene:** Die Beziehungsebene lässt sich z.B. bei Paaren oder der Familie beobachten. Was will der andere von mir? Beispiel: Die Ampel ist grün.

Das kann nur eine Information sein, wird vom Gegenüber aber auf der Beziehungsebene aufgefasst und er fühlt sich unter Umständen angegriffen, weil er schon wieder daran erinnert wird, dass die Ampel grün ist.

- **Selbstkundgabe:** Hierbei dreht sich alles darum, was jemand anderes von sich preis gibt. Es würde über sich selbst offenbart?

Bei all dieser Kommunikation macht immer der Ton die Musik.

Das Geheimnis des richtigen Auftretens

Wenn sich Führungskräfte eines fragen, dann wie sie richtig Auftreten sollten. Das richtige Auftreten spielt vor allem im ersten Moment eine wichtige Rolle für den ersten Eindruck, den sich jeder von uns unterbewusst sofort macht.

Wie sollte ein Vorgesetzter also auftreten um einen guten Eindruck zu erwecken?

Ein richtiges und sicheres Auftreten ist nur durch das Zusammenspiel von Gestik, Mimik und Kleidung möglich. Oftmals wirkt ein Chef beispielsweise von außen relativ ruhig. Sobald er dann aber spricht, hört man das Zittern in der Stimme und das Auftreten wirkt plötzlich gar nicht mehr so sicher. Zunächst geht es aber nur darum richtig Aufzutreten ohne dann auch zu sprechen.

Führungskräfte sollten kompetent, selbstbewusst und entscheidungsfreudig auftreten. Dabei dürfen sie nicht arrogant wirken. Die Körpersprache spielt dabei eine sehr wichtige Rolle. Im ersten Zuge kann sich ein Vorgesetzter jedoch um das äußere gepflegte Erscheinungsbild bemühen. Körperpflege und die Wahl der richtigen Kleidung sind dabei mehr als entscheidend. Dabei muss jeder selbst entscheiden, ob es eher ein Anzug oder doch legere Kleidung sein darf. Hier kann sich ein Chef auch zunächst im Unternehmen erkundigen, um dann nicht sogar overdressed zu wirken.

Darüber hinaus muss eine Führungskraft eine offene Körperhaltung haben und den Blickkontakt wahren. Hinzu kommt ein kräftiger Händedruck und eine feste Stimme. Dies alles sind Indikatoren, die für ein sicheres Auftreten sprechen.

Vor einer entscheidenden Situation sollte immer tief eingeatmet werden. Man sollte die Atmung unter Kontrolle haben und sich dieser auch bewusst machen. Die Schultern können für ein richtiges und sicheren Auftreten ebenfalls zurückgenommen werden. Der Blick sollte gerade aus gerichtet sein und sich in einem Gespräch fest auf einen Mitarbeiter legen. Dabei darf der Blick trotzdem auf keinen Fall starrend wirken.

Zudem sollte locker gestikuliert werden, aber auch nicht zu heftig, damit dies nicht gezwungen wirkt. Insgesamt sollte man sich als Führungskraft immer vorher überlegen, wie genau man Auftreten möchte. Wenn man tagtäglich ein anderes Auftreten zeigt, kann das zu Verwirrungen unter den Mitarbeitern führen. Diese fixieren sich auch schnell auf ein gewisses Auftreten.

In dieser Hinsicht sollten also schon vorher wichtige Überlegungen gemacht werden. Möchte man eher lockerer oder doch autoritärer wirken? Das kann auch immer direkt vom jeweiligen Team abhängen und davon, was für eine Führung am Ende eigentlich benötigt wird.

Auch beim Auftreten sollte am Ende die goldene Mitte zwischen Boss und Kumpel gefunden werden. Das Auftreten kann vieles erleichtern, aber auch erschweren, daher sollte genau darüber nachgedacht werden.

Selbstbewusstsein und Autorität kann man üben

Selbstbewusstsein und Autorität sind enorm wichtig, denn beides macht eine Führungskraft zu einer Führungskraft und unterscheidet sie im Zweifelsfall von normalen Mitarbeitern.

Beides ist notwendig, um ein Team leiten und begeistern zu können. Nur so ist es möglich das gesamte Team zu einer bestimmten Leistung motivieren zu können.

Die gute Nachricht ist, dass Selbstbewusstsein und Autorität nicht von Beginn an vorhanden sein müssen. Beides sind Fähigkeiten, die auch geübt und erlernt werden können. So kann man als Vorgesetzter durchaus ein gesundes Selbstbewusstsein entwickeln, genauso wie dies mit der Autorität möglich ist.

Auch beim Selbstbewusstsein und der Autorität muss bekannt sein, dass sich die Führung weg von Weisung und Kontrolle hin zu Führung auf Augenhöhe und Wertschätzung bewegt. Arbeitnehmer sind mittlerweile immer besser ausgebildet und wollen daher auch stärker in verschiedene Entscheidungsprozesse eingebunden werden.

Aber steht das am Ende nicht im Gegensatz zur Autorität?

Nein, denn trotz aller Wertschätzung gibt es immer wieder Situationen, in denen ein Chef einfach eine Entscheidung treffen muss. Nicht alle Entscheidungen dürfen so einfach mit von den Mitarbeitern getroffen werden. Vor allem nicht dann, wenn es um themen- oder bereichsübergreifende Dinge und Projekte geht. In solchen Situationen muss eine Führungskraft eine gewisse Autorität besitzen.

Doch Autorität kann auch dann vorhanden sein, wenn das Verhalten nicht autoritär geprägt ist. Hierbei kommt die natürliche Autorität ins Spiel.

Was ist mit natürlicher Autorität gemeint?

Damit sind eine selbstverständliche und lässige Ausstrahlung gemeint, in der auch das gewisse Selbstbewusstsein mitschwingt. Aus diesem Grund hängen Autorität und Selbstbewusstsein sehr eng miteinander zusammen.

Natürliche Autorität entsteht vor allem, dann wenn der Chef eben anerkennen kann, dass die Mitarbeiter gute Leistungen erbringen und in einigen Bereichen über ein besseres Fachwissen verfügen als man selbst. Für natürliche Autorität spielt außerdem der menschliche und respektvolle Umgang eine entscheidende Rolle. Die eigene Meinung sollte fundiert geäußert werden und es muss genau hingehört werden, was die eigentliche Fragestellung war.

Natürliche Autorität entsteht am Ende aus der Summe von sozialen und fachlichen Kompetenzen. Dazu kommen die richtigen Umgangsformen. So erreicht man mit Strenge beispielsweise keine Autorität. Sowohl Selbstbewusstsein als auch Autorität sollten von Beginn an immer wieder geübt und gefestigt werden.

Beim Selbstbewusstsein und der Autorität kommt es letztlich auch folgende Faktoren an:

- Körperhaltung: Diese sollte stets aufrecht sein. So wirkt man fest verankert und größer als man erscheint, wenn man förmlich in sich zusammensackt.
  Durch die Körperhaltung kann direkt Selbstbewusstsein ausgestrahlt werden.

- Distanz wählen: Jeder Mensch hat eine persönliche individuelle Distanz, die nicht überschritten werden sollte. Sonst entsteht für die betreffende Person ein unangenehmes Gefühl. Gerade bei unangenehmen Gesprächen sollte dem Gegenüber daher gerne etwas mehr Raum gegeben werden

- Blickkontakt: Dieser sollte bei Gesprächen immer gehalten werden, weil dieser signalisiert, dass die Aufmerksamkeit vorhanden ist.

- Gestik: Zu viele Gesten wirken schnell hektisch und unkontrolliert. Es sollte jedoch auch nicht gänzlich auf Gesten verzichtet werden, denn das kann wiederum schnell wie erstarrt wirken und macht keinen besseren Eindruck.

- Mimik: Die Mimik ist entscheidend um einen selbstbewussten und autoritären Eindruck zu machen. Sie sollte sich nicht von der eigentlichen Situation unterscheiden. Beispielsweise neigen viele Menschen dazu, in Situationen zu lächeln in denen dies gar nicht angebracht ist.

- Stimme: Die Stimme spielt eine wichtige Rolle, denn so kann eine feste Stimme beispielsweise Durchsetzungskraft und Überzeugung vermitteln. Dabei ist eine klare und deutliche Aussprache mehr als wichtig. Es darf aber auch nicht gebrüllt werden.

Feedback von Mitarbeitern einholen und an diese geben

Mitarbeitern das richtige Feedback zu geben, ist manchmal gar nicht so einfach. Damit ein Feedback wirklich seine Wirkung entfalten kann, muss es am Ende auch zur Veränderung des Denkens bzw. Verhaltens beim Mitarbeiter kommen.

Zuerst einmal sollte sich die Führungskraft auch immer wieder Feedback von den Mitarbeitern einholen. Je nach Situation darf dies anonym oder auch in einem persönlichen Gespräch erfolgen. Das kann für das Team unter Umständen gar nicht so leicht sein, weil sie immer das Gefühl haben, dass sich ehrlich Worte vielleicht negativ für sie auswirken könnten.

Das darf jedoch in gar keinem Fall passieren. Wenn eine Führungskraft Feedback erhalten möchte, darf sich das nicht direkt auf die Mitarbeiter auswirken. Sonst wird die Ehrlichkeit bestraft und das kann sich negativ auf die Vertrauensbasis im Team auswirken.

Wenn ein Vorgesetzter selbst Feedback geben möchte, müssen bestimmte Schritte eingehalten werden. Zunächst sollte Feedback im besten Falle nicht überraschend kommen, sondern gut vorbereitet werden.

1. Gesprächstermin vereinbaren und den Anlass nennen. Damit ist der Mitarbeiter bereits auf das Gespräch vorbereitet und weiß, was ihn unter Umständen erwarten kann. Daher sollte auch das Thema des Gesprächs bereits mitgeteilt werden.

2. Angenehme Gesprächsatmosphäre muss hergestellt werden. Immer wenn es um Feedback geht, sollte besonders auf eine angenehme Atmosphäre geachtet werden. Diese kann einen großen Unterschied ausmachen und den Erfolg des Gesprächs garantieren. So sollte das Gespräch beispielsweise auch nicht durch Telefonate unterbrochen werden.

3. Auf die Vorbereitung kommt es an. Als Chef sollte man sich schon vorher gut auf das Gespräch vorbereiten. So sollten alle wichtigen Unterlagen bereits vorliegen. Beim Mitarbeiter sollte immer das Gefühl entstehen, dass die Führungskraft sich wirklich Gedanken gemacht hat.

4. Mit positiven Aspekten beginnen. Damit das Gespräch nicht in die falsche Richtung rutscht, sollte immer mit einem positiven Aspekt begonnen werden. So kann beispielsweise als erstes allgemeine Wertschätzung ausgesprochen werden. Es sollte immer etwas zur Auflockerung des Gesprächs geben.

5. Ansprechen was geändert werden sollte. Danach sollte jedoch auch ziemlich direkt angesprochen werden, was geändert werden muss. Hier sind beide Seiten bereits beim Kern des Gesprächs angelangt. Dabei sollte immer das genaue Verhalten benannt werden. Dabei muss die Führungskraft vorsichtig vorgehen und den Mitarbeiter ganz genau beobachten.

6. Den Mitarbeiter sprechen lassen. Dieser darf seinen Standpunkt natürlich auch benennen. Danach sollte versucht werden zu einem Konsens zu finden und es Ergebnis zu formulieren, auf das sich beide Seiten verständigen.

Bei allen Gesprächen mit Feedback sollte der Standpunkt von der Führungskraft immer bestimmt, aber konstruktiv formuliert werden.

Das Feedback darf auf keinen Fall missverständlich sein, damit es richtig ankommt. Unsachliche Kritik ist dabei völlig fehl am Platz. Am Ende kann es sehr hilfreich sein die Ergebnisse schriftlich festzuhalten, damit diese für beide Seiten verbindlich sind.

Da kommt der Clown – Wie Sie negatives Image nutzen oder löschen

Das Image des Unternehmens und das eigene Image ist wichtiger, als man im ersten Moment annehmen würde. Vor allem für die Karriere ist es sehr wichtig. Die gute Nachricht ist, dass ein Image nicht für immer feststeht, sondern durchaus geändert werden kann. Am Image kann daher gezielt gearbeitet werden.

Im Job möchte eine Führungskraft einen ganz bestimmten Ruf haben. Das Image entsteht oftmals auch ohne bewusstes Zutun, sodass vielen Menschen auch gar nicht bewusst ist, was sie überhaupt für ein Image haben. Es ist enorm wichtig, sich genügend Gedanken über das eigene Image zu machen. Im Beruf hilft nicht immer die Einstellung, dass es prinzipiell egal ist, was andere über einen selbst denken.

Als Image wird grundsätzlich das Bild bezeichnet, was anderem von einem haben. Es umfasst den Gesamteindruck den ihr Umfeld von einem selbst gewonnen hat. Es gibt auch ganz gut wieder, was die Mitarbeiter beispielsweise von der Führungskraft denken.

Das Image darf nicht mit einem individuellen Eindruck von einer einzelnen Person verwechselt werden, denn es ist eher die vorherrschende Meinung zu einer Person. Doch wie kann ein negatives Image genutzt oder sogar gelöscht werden?

Um ein Image verändern zu können, muss sich alles drumherum ebenfalls verändern. Dabei spielt der Umgang mit den Kollegen eine sehr große Rolle. Ist die Führungskraft hilfsbereit und setzt sich für andere ein oder lässt sie das Team lieber im Regen stehen? Auch das Fachwissen spielt für das Image eine entscheidende Rolle. Haben die Mitarbeiter den Eindruck, dass ein Vorgesetzter gar kein Fachwissen mit sich bringt, dann schadet das auch seinem Image, weil sie ihn für fachlich nicht geeignet ansehen werden.

Um das Image verändern zu können, muss man sich im ersten Schritt auch darüber Gedanken machen, was eigentlich zum negativen Image beigetragen haben könnte. Welche Aspekte müssen verändert werden, damit sich auch das Image bessert? Das Image kann sich deshalb ändern, weil immer die aktuellen Erlebnisse und Situationen im Kopf der Menschen präsenter sind. Wenn man sich ab jetzt also fairer und freundlicher gegenüber dem Team verhält, wird das auch sehr schnell das Image verändern.

Achtung: Das Image kann sich auch genauso schnell wieder in die andere Richtung entwickeln, wenn negative Erlebnisse die Überhand gewinnen. Das Image ist also mehr als wichtig, wenn es um den Erfolg des Unternehmens geht. Genauso wie eine Führungskraft ein Image hat, besitzt auch jede Firma ein gewisses Image. Dafür ist sie dann bekannt und in aller Munde. Dieses Image lässt sich genauso verändern, es muss nur mit genügend positiven Dingen verknüpft werden.

Das kann so manches Mal eine Kehrtwende um 180 Grad bedeuten. Wichtig ist beim Image immer, dass die Veränderungen von Dauer sein müssen. Gelöscht werden kann ein Image auch, dass benötigt jedoch noch etwas mehr Zeit. Denn erst mit der Zeit werden auch die negativen Verknüpfungen vergessen. Wie lange das dauert hängt auch immer davon ab, wie negativ das Image wirklich ist und wie oft sich das außenstehende Personen noch in Erinnerung rufen.

Jede Führungskraft sollte das Image immer im Kopf behalten. Es ist am Ende mitentscheidend für den Erfolg eines Unternehmens.

Werden Sie zum besten Kumpel Ihrer Mitarbeiter

Eingangs haben wir schon über den Boss oder den Kumpel gesprochen. Tatsächlich gibt es in dieser Hinsicht einige Vor- und Nachteile. So kann es gar nicht so nachteilig sein, wenn man sich darum bemüht zum besten Kumpel des eigenen Mitarbeiters zu werden.

Damit kann unter anderem gemeint sein, dass flache Hierarchien geschaffen werden. Am Ende haben die Mitarbeiter ohnehin noch im Kopf wer die Führungskraft ist, wer also tatsächlich die Entscheidungen trifft. Ein kleines „Du“ kann hierbei schon den Unterschied machen. Der Unterschied zwischen den Hierarchien ist dann schon mir sehr so groß.

Dennoch gibt es einige Fallen, in die man nach Möglichkeit nicht tappen sollte. Man darf als Führungskraft zwar zum Kumpel des Mitarbeiters werden, aber eine wirkliche Freundschaft zwischen beiden Seiten ist nur sehr schwer möglich. Dabei darf Empathie des Vorgesetzten nicht mit Kumpelei verwechselt werden. Jede Führungskraft muss auf irgendeiner Art und Weise empathisch sein, um sich in die Mitarbeiter hineinversetzen zu können. Das darf jedoch auf keinen Fall mit einer richtigen Freundschaft verwechselt werden.

Wenn man den eigenen Chef als Kumpel bezeichnen kann, ist das erst einmal sehr positiv. Dann trauen sich Mitarbeiter auch eher mal etwas anzusprechen. Für den Vorgesetzten kann das auch einige Vorteile haben. Es ist eine lockere Arbeitsatmosphäre möglich, in der allen entspannter und mit mehr Spaß arbeiten können. Allerdings muss der Chef dann zu allem eher der Kumpel sein, damit keine Ungleichberechtigung im Team entstehen kann, die dann wiederum für Unzufriedenheit sorgen kann.

Auch wenn die Mitarbeiter zum Kumpel werden, dann sollte Berufliches und Privates immer noch voneinander getrennt werden. Das ist auch für die Führungskraft wichtig, damit keine fließenden Übergänge vorhanden sind.

Ob der Chef wirklich zum Kumpel des Mitarbeiters werden kann, hängt jedoch auch immer davon ab, wie die Verhältnisse im Team allgemein sind. Sind diese eher angespannt und es sind noch viele Konflikte vorhanden, dann sollte das Kumpelsein lieber erst später angestrebt werden. Wird der Vorgesetzte zum Kumpel, muss er immer wieder unmissverständlich deutlich machen, dass er dennoch die Entscheidungen trifft.

Als Kumpel darf er den Mitarbeitern dennoch nichts vorspielen, sodass alles auf einer ehrlichen Basis stattfinden sollte. Nur so kann der Chef auch dauerhaft ein Kumpel sein. Die etwas lockeren Strukturen können aber für Kreativität und Effektivität sehr von Vorteil sein. Als bester Kumpel bekommt man als Chef auch viel mehr mit und wird nicht aus vielen Angelegenheiten herausgehalten.

Dafür müssen jedoch auch die persönlichen Voraussetzungen passen. Wenn die Mitarbeiter das Gefühl haben, dass zwischen Vorgesetztem und Team eine große Distanz besteht, werden sie nicht zum Kumpel werden wollen. Es ist daher auch immer ratsam, nur in kleinen Schritten um Kumpel zu werden und nichts zu übereilen. Das ist wichtig, damit am Ende ein gefestigtes Verhältnis entstehen kann.

Wenn eine Führungskraft wirklich zum Kumpel wird, dann hat das auch viel mit vorhandenem Vertrauen zu tun. Beide Seiten lassen sich aufeinander ein und machen sich damit auch etwas angreifbar. Nicht jeder Mitarbeiter kann am Ende wirklich zum Kumpel werden, dessen muss man sich auch bewusst sein.

Versetzen Sie sich in die Gedanken und Gefühlswelt Ihrer Mitarbeiter

Wie bereits mehrfach angesprochen ist nichts wichtiger als Empathie. Menschen die empathisch sind, haben die Fähigkeit und Bereitschaft, sich in die Einstellungen und Gefühle anderer Menschen hineinzuversetzen.

Das kann als Führungskraft unter Umständen sehr wichtig sein. Wenn ein Mitarbeiter beispielsweise darum bittet, dass er ein paar Tage freihaben möchte, weil seine Kinder im Moment sehr krank sind, dann kommt es auf das Einfühlungsvermögen und die Empathie der Führungskraft an. Es muss erkannt werden, wie wichtig dem Mitarbeiter das Anliegen ist und er sogar deshalb seinen Urlaub verschieben möchte. Sich in die Gedanken der Mitarbeiter hineinzuversetzen kann je nach Situation gar nicht so einfach sein.

Wenn man selbst keine Kinder hat, ist es auf den ersten Blick vielleicht nicht ersichtlich, warum sich jemand deshalb so dringend freinehmen möchte. Wenn man als Vorgesetzter aber filtern kann, wann es ganz besonders wichtig ist die Gedanken anderer zu verstehen, dann bringt das viele Vorteile mit sich.

Mitarbeiter wollen immer gerne verstanden werden. So kann schnell eine stärkere Verbindung zum Chef verstehen.

Wenn dieser dann noch verständnisvoll ist und zu verstehen gibt, dass er sich in die Gedankenwelt der Mitarbeiter hineinversetzen kann, dann ist das Gold wert.

Wenn der Chef aufmerksam ist, dann kann er viele Anzeichen auch schon früher bemerken. Dazu zählt beispielsweise, dass er erkennen kann, wenn Mitarbeiter unzufrieden sind. Wenn sich diese immer wieder krank melden und kaum noch zur Arbeit erscheinen, dann ist es zumeist schon zu spät. Wenn aber vorher schon ein Gespräch angeboten wird und sich die Führungskraft dann noch gedanklich in den Mitarbeiter hineinversetzen kann, dann bringt das viele Vorteile.

So können dann Maßnahmen beschlossen werden damit der Mitarbeiter wieder zufriedener ist und wieder gerne zur Arbeit geht. Genauso kann frühzeitig erkannt werden, wenn ein Mitglied aus dem Team mit dem Gedanken spielt das Unternehmen zu verlassen. All das sind Fähigkeiten, die man sich meistens erst im Laufe der Jahre aneignet. Dann muss man jedoch auch offen dafür sein.

Eigentlich ist es gar nicht so schwer sich in die Gedanken der Mitarbeiter hineinzuversetzen. Meistens schildern die Mitarbeiter bereits einige ihrer Gedanken. Wird darauf nicht weiter eingegangen, werden sie diese in Zukunft nicht mehr häufig äußern. Werden die Gedanken jedoch aufgenommen und dann ernstgenommen, kann sich das sehr positiv auswirken. Jeder Mitarbeiter hat andere Gefühle, die auch in Konkurrenz zu Gefühlen anderer Mitarbeiter stehen können.

Zuerst hilft es immer zu verstehen was den anderen bewegt. Im Beruf ist das sehr wichtig, weil Emotionen und Gefühle hier eine sehr wichtige Rolle spielen. Die Gefühle sollten so positiv wie möglich gehalten werden, damit die Motivation zu arbeiten auch hoch ist. Nur dann sind Mitarbeiter zufrieden und machen ihre Arbeit gerne. Aufgabe des Chefs ist es also gar nicht nur Entscheidungen zu treffen, sondern sich viel in die Mitarbeiter hineinzuversetzen und die Rolle des Managers zu spielen.

Der Vorgesetzte sollte daher immer ein offenes Ohr haben und sich gerne mit den Problemen und Gefühlen der Mitarbeiter auseinandersetzen. Beides kann gezielt geübt werden, immer wenn

Gefühle geäußert werden, sollte darauf gezielt eingegangen werden.

Treten Sie immer direkt auf

Als Chef sollte man immer direkt auftreten und nicht den Weg hinten herum auswählen. Vorgesetzte dürfen Konflikten nicht aus dem Weg gehen. Natürlich darf ein Chef harmoniebedürftig sein, er sollte aber nicht konfliktscheu sein. Er darf nicht darauf hoffen, dass Probleme sich von selbst lösen könnten. Dann werden Missstände meist erst dann angesprochen, wenn sich die Situation bereits zugespitzt hat.

Auch beim Fehlverhalten von Mitarbeitern muss rechtzeitig eingegriffen werden. Diese müssen sofort merken, dass ihr Verhalten auch Konsequenzen hat. Eine Führungskraft sollte in dieser Hinsicht immer direkt auftreten und konstruktives Feedback geben. In dieser Hinsicht ist es auch wichtig, Erwartungen frühzeitig zu kommunizieren, damit es nach Möglichkeit nicht erneut zu einem Fehlverhalten kommen wird.

Zu späte Reaktionen hingegen kosten meistens viel Kraft und sorgen eher für Unverständnis bei den Mitarbeitern. Dazu sollte immer ein direktes Auftreten kommen. Ein Chef darf sich daher auch nicht davor scheuen unangenehme Situationen direkt anzusprechen. Direktes Auftreten hingegen zeigt den Mitarbeitern sofort, dass keine Konflikte gescheut werden und der Vorgesetzte seine Aufgabe sehr ernstnimmt.

Direktes Auftreten ist auch deshalb so wichtig, weil sich ein Vorgesetzter nur dann durchsetzen kann, wenn er andere überzeugt und sich somit in der Firma gut positionieren kann. Das fällt jedoch gar nicht allen leicht, denn auch Chefs können zu Beginn durchaus eher schüchtern und zurückhaltend sein.

Was muss für direktes Auftreten beachtet werden?

- Direkter Blickkontakt zu den Mitarbeitern, auch wenn es unter Umständen unangenehm wird
- Offene Armhaltung, denn verschränkte Arme wirken nicht direkt, sondern eher abweisend.
- Eine gute Haltung, denn die gesamte Körperhaltung sollte aufrecht sein, damit es keinen krummen Rücken gibt
- Außerdem spielt der feste Händedruck eine wichtige Rolle. Dieser darf nicht unangenehm fest sein, sollte aber schon direkt sein.
- Gestik kann gezielt genutzt werden, um die ausgesprochenen Worte noch einmal zu untermauern. Die Gesten dürfen hingegen nicht hektisch oder unkontrolliert wirken.
- Auch ein freundliches Lächeln ist wichtig, um nicht zu ausweichend und unfreundlich zu wirken.

Außerdem hilft es offen und ehrlich vorzugehen und Probleme so beispielsweise direkt anzugehen. Wenn man als Führungskraft in einen Raum mit Menschen kommt, sollten diese sofort ein bestimmtes Gefühl haben. Oftmals merkt man bereits an der ersten Reaktion der Mitarbeiter, ob das eigene Auftreten direkt genug ist. Dazu gehört meistens auch eine gewisse Portion Selbstverständlichkeit in den Dingen. Dafür muss man sich als Führungskraft selbst wohlfühlen und darf sich auf keinen Fall verstecken.

Direktes Auftreten kann aber auch im Alltag ziemlich gut geübt werden. Selbst wenn jemand innerlich eher unsicher ist, kann er dennoch ziemlich direkt auftreten und einen selbstbewussten Eindruck hinterlassen. Damit die Mitarbeiter gut mit sich reden lassen und auch das Gefühl haben, dass die Führungskraft die Lage im Blick hat, ist beides sehr wichtig.

Dabei muss man gar nicht streng sein oder wirken um direkt auftreten zu können. Direktes Auftreten bringt gleichzeitig auch Respekt und Autorität mich sich. Nur ein unsicherer und tendenziell unfähiger Chef tritt indirekt und schüchtern auf.

So priorisieren Sie Ziele und Aufgaben

Ziele und Aufgaben gibt es in einem Unternehmen in der Regel in sehr großer Zahl. In einem der vorherigen Kapitel sind wir bereits darauf eingegangen, dass Ziele SMART gestaltet werden müssen, damit sie erreicht und überhaupt überprüft werden können.

Doch dann sitzt eine Führungskraft im Zweifel vor einem Haufen Aufgaben und Zielen und weiß gar nicht, womit zuerst begonnen werden soll.

- Welche Aufgabe ist so wichtig, dass sie direkt an die Mitarbeiter weitergegeben werden sollte?
- Welche Ziele haben etwas länger Zeit und müssen nicht sofort erledigt werden?

Gerade wenn viel los ist, dann kann man sich als Führungskraft sehr schnell verzetteln und einzelne Ziele und Aufgaben aus dem Blick verlieren. Das darf jedoch nicht passieren. **Tatsächlich gibt es daher einige Methoden, mit dessen Hilfe Prioritäten gesetzt werden können.**

Prioritäten sind deshalb wichtig, weil sie dabei helfen Aufgaben und Ziele hierarchisch zu ordnen. Sie geben einzelnen Positionen eine Bedeutung und es ergibt sich am Ende eine sinnvolle Reihenfolge. Prioritäten helfen uns außerdem dabei uns besser entscheiden zu können und Ziele schneller und einfacher erreichen zu können.

Dafür muss jedoch zunächst die Fähigkeit erworben werden Prioritäten zu setzen. Diese sind ein wesentlicher Erfolgsfaktor. Leider fällt genau diese Fähigkeit nicht allen Vorgesetzten so leicht. Dann kann der vorhandene Zeitrahmen jedoch schnell gesprengt werden und Deadlines können nicht eingehalten werden. Eine Führungskraft wird sich daher auch immer wieder überwinden müssen überhaupt Prioritäten zu setzen. Auf den ersten Blick wirkt immer alles gleich wichtig und es ist nicht leicht, eine passende Entscheidung zu treffen.

Welche Methoden gibt es zum Setzen von Prioritäten?

- **Prioritätenliste:** In ihr werden einfach alle Aufgaben notiert. Danach werden sie entsprechend ihrer Wichtigkeit nummeriert. Das kann bei vielen Aufgaben jedoch schnell unübersichtlich werden, sorgt aber immerhin dafür, dass auch jede noch so kleine Aufgabe nicht verloren geht.

- **Ivy-Lee-Methode:** Nach dieser Methode werden am Tag immer sechs Dinge notiert, die am nächsten Tag in jedem Fall erledigt werden müssen. Die sechs Punkte werden dann nochmal nach Wichtigkeit sortiert und diszipliniert abgearbeitet.

- **ABC-Methode**: Nach dieser Methode werden Aufgaben in drei Kategorien eingearbeitet. A-Aufgaben sind besonders wichtig und sollten sofort erledigt werden. B-Aufgaben können auch später erledigt werden oder einfach an Mitarbeiter delegiert werden. C-Aufgaben sind unwichtig und können evtl. sogar verworfen werden.

- **Eisenhower Methode**: Die Eisenhower Methode kommt aus der ABC-Methode heraus. Dazu wird eine Matrix mit vier Quadranten erstellt. Unten links sind Aufgaben die erst ignoriert werden können. Unten rechts Aufgaben die wichtig sind, aber noch nicht direkt anstehen. Oben links Aufgaben die eilig sind, aber eher unwichtig und daher delegiert werden können. Oben rechts dann Aufgaben. Die sofort erledigt werden müssen und sehr wichtig sind.

- **ALPEN-Methode**: Bei dieser Methode wird eine Art Tagesplan erstellt. A: Aufgaben aufschreiben. L: Länge einschätzen. P: Pufferzeit einplanen. E: Entscheidungen priorisieren. N: Nachkontrollieren.

- **10-10-10-Methode**: Mit dieser Methode können Entscheidungen einfacher getroffen werden. Dazu müssen lediglich drei Fragen beantwortet werden: Werde ich über die Entscheidung…

In 10 Minuten denken, in 10 Monaten denken, in 10 Jahre denken?

Das sind nur einige der Möglichen Methoden zur Priorisierung. Am Ende muss jede Führungskraft für sich und seine Aufgaben die passende Methode finden.

Neue Mitarbeiter suchen und gewinnen

Am Ende ist es auch Aufgabe der Führungskräfte neue Mitarbeiter zu suchen und zu gewinnen. Heutzutage ist es jedoch gar nicht mehr so leicht an geeignete Mitarbeiter zu kommen. Die Chancen für Fachkräfte sind heutzutage hoch und es kommt eine lange Liste von Unternehmen in Frage.

Warum sollten sich Mitarbeiter also unbedingt für das eigene Unternehmen entscheiden?

Als Chef hat man es in der Hand und sollte die passenden Rekrutierungsmethoden auswählen, um Personal finden zu können. Immer wieder heißt es: „Wir haben so viel Arbeit und müssen dringend neue Mitarbeiter einstellen, doch wir finden einfache keine."

So geht es inzwischen vielen Unternehmen. Schon lange überschlagen sich die Bewerbungen nicht mehr, sondern Firmen müssen förmlich um die besten Mitarbeiter kämpfen. Umso schneller kann es jedoch auch passieren, dass Mitarbeiter das Unternehmen wieder verlassen und sich einen anderen Arbeitgeber suchen. Es geht also am Ende darum, Mitarbeiter zuerst zu suchen, diese dann für sich zu gewinnen und dann auch zu halten.

Eine wichtige Aufgabe des Vorgesetzten ist es daher ein Team im Unternehmen aufzubauen, was aus hochmotivierten, kreativen und unabhängigen Mitarbeitern besteht. Schwierig ist das jedoch, weil sich der Arbeitsmarkt in den letzten Jahren entscheidend gewandelt hat. Früher waren Zeitungsannoncen noch der Hit und brachten eine Vielzahl von Bewerbungen. So mussten nur noch die passenden Kandidaten herausgefiltert werden. Deshalb wurde der Arbeitsmarkt auch als sogenannter Arbeitgebermarkt bezeichnet.

Durch die demographische Entwicklung hat sich der Arbeitsmarkt jedoch zu Gunsten der Arbeitnehmer verschoben. Die Zahl der offenen Stellen ist damit größer als die Anzahl der Menschen, die diese Stellen besetzen könnten. Heutzutage muss daher auf verschiedenen Kanälen nach Mitarbeitern gesucht werden. Als Unternehmen muss man sich überall präsent zeigen.

Damit das Recruiting überhaupt starten kann, muss sich das Unternehmen immer wieder selbst hinterfragen. Was erwarten Arbeitnehmer eigentlich und wie kann der Job noch attraktiver gestaltet werden? Gute Vorbereitung ist eine wichtige Voraussetzung, um Mitarbeiter finden zu können. Dazu wird in den nächsten Kapiteln auf das Geheimnis des modernen Recruitings eingegangen und wie Mitarbeiter den Weg in die eigene Firma finden können.

Grundsätzlich kann die Einstellung von Mitarbeitern als Verkaufsprozess gesehen werden. Dabei wird das Unternehmen als eigenes Produkt angeboten. Wie bei jedem anderen Verkauf muss auch hierbei definiert werden, was man selbst gerne möchte. Dann muss das Unternehmen attraktiv präsentiert werden, damit potenzielle Bewerber überhaupt aufmerksam werden.

Wenn die Anzahl oder Qualität der Bewerber nicht den Vorstellungen entspricht sollte genau hinterfragt werden, warum das so ist. Was kann verbessert werden? Ganz nebenbei muss der Blick auch auf die bereits vorhandenen Mitarbeiter fallen, denn diese sollten natürlich gehalten werden, damit die Personalgewinnung nicht wieder von vorne beginnen muss.

Damit das Recruiting möglichst gut gelingt, sollten moderne Maßnahmen zum Einsatz kommen. Die klassische Zeitungsanzeige reicht einfach nicht mehr aus. Stattdessen gibt es eine Vielzahl von Methoden, wie neue Mitarbeiter gefunden werden können. Welche davon die richtige für das Unternehmen ist, muss jedoch jeder für sich selbst entscheiden.

Die Suche und Gewinnung von neuen Mitarbeitern wird auch in Zukunft noch an Bedeutung gewinnen.

Das Geheimnis eines modernen Recruitings

Deine eigene Recruiting ist mehr als wichtig, wenn es um die Gewinnung von Mitarbeitern geht. Bevor ein Unternehmen überhaupt in das Recruiting startet, sollten einige Vorkehrungen getroffen werden. Beispielsweise sollte man sich darüber im Klaren sein, was man eigentlich möchte.

Wo ist gerade der größte Bedarf an Mitarbeitern und was für Eigenschaften sollten diese mitbringen?

Wenn alle Formalitäten geklärt sind, dann kann mit dem eigentlichen Recruiting begonnen werden. Dabei ist natürlich immer entscheidend, was für finanzielle Mittel das Unternehmen zur Verfügung hat und in was für einem Gebiet sich die Firma bewegt.

Das Geheimnis des modernen Recruitings ist, dass an möglichst vielen Ecken auf einmal Angebote gemacht werden. Ein Unternehmen muss heutzutage auf sich aufmerksam machen, um überhaupt aus der Masse hervorzustechen.

Die Basis kann dabei die eigene Karriereseite im Internet darstellen. Dazu gehört eine gut gestaltete Internetseite mit verschiedenen Karrieremöglichkeiten. Fast alle Interessenten werden vorher auf die Internetseite kommen, bevor sie sich bei Unternehmen bewerben. Jeder seriöse Bewerber möchte sich nämlich erst die Firma genauer anschauen und sich ein erstes Bild machen. Daher ist es sehr wichtig, dass die Karriereseite im Internet mehr als überzeugend ist. Auf keinen Fall darf langweilig oder unprofessionell aufgetreten werden. Ansonsten können Bewerber direkt abgeschreckt werden.

Während Anzeigen in der Zeitung keine allzu große Rolle mehr spielen sind die Jobportale im Internet umso beliebter. Daher ist es sehr wichtig, sich als Unternehmen in unzähligen Jobportalen zu positionieren. Dort wird man auch immer wieder auf die Konkurrenz treffen. Eine Führungskraft sollte dabei überlegen, ob allgemeine Stellenportale genutzt werden sollen oder lieber spezielle Jobbörsen, die sich an ein bestimmtes Fachpersonal richten. Meistens eignet sich eine Mischung aus beiden Portalen sehr gut. Das Internet ist mehr als präsent und sollte dementsprechend auch genutzt werden.

Darüber hinaus sind auch die Printmedien nach wie vor empfehlenswert, vor allem wenn es um eine etwas ältere und erfahrenere Zielgruppe geht. Diese schauen durchaus noch in der Zeitung nach, um nach Anzeigen zu schauen. Einem Vorgesetzten sollte nur klar sein, dass die Online-Anzeigen inzwischen die Printmedien verdrängt haben. Oftmals bieten Anbieter sogar die Möglichkeit, beides miteinander zu kombinieren.

Darüber hinaus gibt es noch die Möglichkeit der Arbeitsagentur. Diese ist kostenlos und ist daher immer einen Versuch wert. Die Arbeitsagentur hat in der Regel einen Pool von Arbeitssuchenden. Dabei handelt es sich teilweise auch um hochqualifizierte Fachkräfte, die kurzfristig leider den Job verloren haben und jetzt auf der Suche sind. Zudem gibt es einen Arbeitgeberservice, über den Suchanzeigen kostenlos veröffentlicht werden können.

Wenn das Recruiting in einem Bereich sehr schwerfällig ist, dann können auch Personalberater zum Einsatz kommen. Diese beschäftigen sich speziell mit der Personalbeschaffung und gestalten und platzieren auch direkt eine Stellenanzeige. Die eingegangenen Bewerbungen werden dann sortiert und gefiltert. Anhand verschiedener Anforderungen wird dann ein Anforderungsprofil erstellt. Zudem werben Personalberater auf verschiedener Ebene für das Unternehmen. Es muss jedoch hinzugesagt werden, dass die Methode sehr teuer ist und nur in Extremfällen eingesetzt werden sollte.

Wenn es einfach nicht gelingt erfolgreich einzustellen, dann kann auch Zeitarbeit genutzt werden. Diese dient eigentlich dazu, personelle Engpässe für kurze Zeit zu überbrücken. Es kann jedoch immer wieder passieren, dass Leiharbeiter aus dem Leiharbeitsverhältnis in ein normales Arbeitsverhältnis übernommen werden. Das kann dann wiederum sehr vorteilhaft für das eigene Unternehmen sein.

Leiharbeiter haben den Vorteil, dass sie vorher genau getestet werden können. Leiharbeiter sind meistens aber recht teuer, da noch zusätzliche Pauschalen erforderlich sind.

Auch Social Media darf in Bezug auf Recruiting nicht vergessen werden.

In sozialen Netzwerken wie Facebook, XING, LinkedIn können Stellenanzeigen ebenfalls platziert werden. Sie ermöglichen eine intensive und aktive Kommunikation mit potenziellen neuen Mitarbeitern. Durch die sozialen Netzwerke besteht oftmals auch die Option an Mitarbeiter heranzukommen, die eigentlich gar nicht aktiv auf der Suche nach einem Job gewesen sind, so aber auch die offene Stelle aufmerksam werden.

Nicht zuletzt dürfen auch die eigenen Angestellten nicht vergessen werden, wenn es um das Recruiting geht. Immer mehr Unternehmen setzen daher ihre eigenen Angestellten zur Suche nach neuen Mitarbeitern ein. Wer kann besser um neue Mitarbeiter werben als die Mitarbeiter eines Unternehmens selbst?

Empfehlungen spielen für uns Menschen eine entscheidende Rolle. Die Methode ist sehr glaubhaft für die Bewerber und ist noch dazu kostengünstig. Über diese Methode können Personen gefunden werden, die sonst vermutlich niemals auf das Unternehmen aufmerksam geworden wären. Zudem wissen die angeworbenen Mitarbeiter in der Regel bereits, worauf sie sich einlassen. Sie können sehr leicht ins Team integriert werden.

Als Vorgesetzter kann es aber sehr hilfreich sein, einfach die Augen offenzuhalten und zu schauen. Im normalen Berufsalltag kommt man immer wieder auch mit anderen Firmen und Menschen aus anderen Branchen in Kontakt. Einige dieser Mitarbeiter können auch für das eigene Unternehmen interessant sein. Diese Menschen sollten gezielt angesprochen werden. Ein paar Komplimente über den Arbeitsstil können dabei ebenfalls neue Welten eröffnen. Dann kann gezielt nachgefragt werden, ob diese sich einen Jobwechsel vorstellen können.

Ein weiteres Geheimnis für gutes Recruiting ist die zielgerichtete Kontaktliste. Auf dieser Kontaktliste stehen dann Menschen, die man als Führungskraft gerne einstellen würde oder die man gerne eingestellt hätte, die aber abgesagt haben. Der Kontakt mit diesen Personen sollte trotzdem aufrechterhalten werden.

Es sollte immer wieder gelegentlich kleinere Nachrichten geben. Die Umstände können sich immer verändern und dann kommt das eigene Unternehmen evtl. zum Einsatz.

Das vorausschauende Handeln ist besonders wichtig, um sich dann zum richtigen Zeitpunkt interessant zu machen.

Um auf sich aufmerksam zu machen sollte ein Unternehmen sich auch immer wieder auf Messen zeigen und sich mit Seminaren engagieren. Auch Campus-Recruiting ist inzwischen von sehr großer Wichtigkeit. Auch sonst dürfen Unternehmen gerne kreativ sein und ungewöhnliche Wege gehen um Werbung zu machen. Dafür kommen Stellenanzeigen Auf Firmenwagen, aber auch in Bussen und auf Plakaten in Frage. Durch einige Werbemöglichkeiten können die Zielgruppen genau erreicht werden.

Welche Recruiting Maßnahmen sich am Ende eignen, muss jedes Unternehmen für sich entscheiden. Meistens verspricht eine Kombination aus mehreren Methoden den größten Erfolg. Anfangs hilft es einfach nur auszuprobieren, wie gut welche Maßnahme ankommt. Dafür können die Bewerber beispielsweise direkt im Gespräch gefragt werden, wie sie auf das Unternehmen aufmerksam geworden sind.

Der erste Eindruck zählt „überhaupt nicht"

Der erste Eindruck wird gerne als etwas ganz Wichtiges beschrieben.

- Doch wie entscheidend ist der erste Eindruck wirklich?
- Was zählt dabei wirklich?

Studien zeigen inzwischen, dass es höchstens 100 Millisekunden braucht, bis wir uns einen ersten Eindruck gemacht haben. Dieser steht dann auch erst einmal fest. Für die meisten Menschen steht danach beinahe unveränderlich fest, wie wir eine Person einschätzen. Wir entscheiden innerhalb kürzester Zeit darüber, ob ein Mensch uns sympathisch oder attraktiv erscheint und ob wir ihn als vertrauenswürdig einschätzen oder nicht.

Beim ersten Eindruck gibt es immer drei psychologische Effekte, die eine zentrale Rolle spielen.

- **Primacy-Effekt**: Hierbei handelt es sich um das Phänomen des Kurzzeitgedächtnisses. Jüngere Informationen wirken prägender als Informationen die schon etwas älter sind. Die Dominanz des ersten Eindrucks wird daher auch gerne als Vorrangeffekt.

- **Halo-Effekt:** Wie bereits einmal erwähnt handelt es sich beim Halo-Effekt um einen Wahrnehmungsfehler. Dabei wirken einzelne Eigenschaften eines Menschen so dominant auf uns, dass sie einen überstrahlenden Gesamteindruck erzeugen.

- **Recency-Effekt:** Hierbei handelt es sich um das Gegenstück zum Primacy-Effekt. Der letzte Eindruck bleibt. Er kann noch für lange Zeit nachhallen. Also spielen sowohl der erste als auch der letzte Eindruck eine sehr entscheidende Rolle.

Aus dieser Hinsicht ist es wichtig, einen guten und ersten Eindruck zu hinterlassen. Auch in Vorstellungsgesprächen zählt natürlich prinzipiell der erste Eindruck.

Deshalb sollte darauf geachtet werden, dass man als Führungskraft weiterhin offen bleibt und keine Vorurteile hat. Auch im weiteren Verlauf des Gesprächs sollte man dem Bewerber aufmerksam zuhören.

Dabei muss man auch immer im Hinterkopf behalten, dass der erste Eindruck auch durchaus täuschen kann. Er entsteht eben in einer sehr kurzen Zeit. Der Verlauf des Gesprächs sollte dann genauer zeigen wie der Bewerber wirklich drauf ist.

Führungskräfte müssen also immer darauf achten, dass dem potenziellen neuem Mitarbeiter noch eine weitere Chance gegeben wird, auch wenn der erste Eindruck vielleicht gar nicht so gut gewesen ist.

Der erste Eindruck entsteht übrigens auch über die Gesten. Ein Lachen kann dabei schon Welten öffnen und darf daher auch gerne vom Vorgesetzten gegeben werden. Am Ende muss sich auch das Unternehmen gut präsentieren, denn auch der Bewerber macht sich natürlich einen ersten Eindruck und der sollte möglichst gut ausfallen.

Auch der Duft spielt beim ersten Eindruck eine wichtige Rolle. Wir können Menschen also teilweise riechen und andere wiederum nicht. Auch der Händedruck als solcher darf nicht unterschätzt werden, auch wenn er nur etwa 3-4 Sekunden andauert. So kann jedoch direkt eine positive Verbindung entstehen. Nachweislich werden durch den Handschlag sogar diverse Hirnregionen aktiviert.

Auch der Blickkontakt ist sehr wichtig und sollte im Vorstellungsgespräch daher auch von der Führungskraft gehalten werden. Die Stimme und Wortzahl zählen ebenfalls zum ersten Eindruck und lassen sich darüber hinaus auch sehr gut kontrollieren. Auch auf das richtige Auftreten über die Kleidung sollte gesprochen werden. Am Ende spielen alle Faktoren zusammen und entscheiden über den ersten Eindruck. Doch auch der letzte Eindruck kann mindestens genauso ausschlaggebend sein. In jedem Fall sollte sich auch das Unternehmen von der besten Seite zeigen.

Fähigkeiten und Schwächen erkennen

In einem kurzen Gespräch muss meistens darüber entschieden werden, was für Fähigkeiten und Schwächen ein Bewerber haben könnte. Wenn eine Führungskraft ein Bewerbungsgespräch führt, dann muss sie darüber entscheiden, ob der potenzielle Mitarbeiter eingestellt wird oder nicht.

Entscheidungsgrundlage sind dabei meistens die Bewerbungsunterlagen und das Bewerbungsgespräch. In beiden wird der Bewerber aber nicht von sich aus Fähigkeiten und Schwächen ernennen. Diese müssen also bewusst vom Vorgesetzten herausgefunden werden. Dabei kommt schnell die Frage auf, wie eine Führungskraft in einem kurzen Gespräch entscheiden kann, was für Fähigkeiten und Schwächen der Bewerber haben könnte.

Im ersten Schritt ist es sehr wichtig für die jeweilige Stelle zu definieren was für Fähigkeiten benötigt werden um diese auszuführen. Dann können alle Bewerber besser miteinander verglichen werden. Außerdem sollte bei den Fähigkeiten direkt eine Auflistung erfolgen, welche am Wichtigsten ist und welche nicht unbedingt vorhanden sein muss. So kann später mit den Bewerbern abgeglichen werden, welcher von diesen sich am besten eignet.

Dieselbe Liste sollte mit den Schwächen erstellt werden. Hierbei muss vorher überlegt werden, was für Schwächen auf keinen Fall vorhanden sein dürfen, weil diese gefährden das der Job richtig ausgeführt werden kann. Das können dann sogenannte Ko-Kriterien sein, bei denen ein Bewerber auf keinen Fall geeignet ist.

Dann kommt es im Gespräch nur noch darauf an, dass gezielt nach den Schwächen und Fähigkeiten gefragt wird. Nach Schwächen und Stärken wird in Vorstellungsgesprächen ohnehin sehr gerne gefragt. Meistens bereiten sich die Bewerber darauf jedoch schon gezielt vor. Sie ahnen bereits, dass diese Frage kommen wird. Leider werden dann oftmals auch Schwächen genannt, die gar keine Schwächen sind, wie z.B. Ehrgeiz.

Deshalb kann es auch sinnvoll sein die Schwächen herauszufinden, indem kleinere Aufgaben gestellt werden. Diese sollten immer mit den

Fähigkeiten übereinstimmen, die für den jeweiligen Job benötigt werden. So kann beispielsweise eine gezielte Frage zur Teamfähigkeit gestellt werden, wenn diese besonders wichtig ist. So kann Fähigkeit für Fähigkeit herausgefunden werden, die stark diese vorhanden ist.

Das Gleiche gilt für Schwächen. Auch die sollten im Gespräch eher versteckt herausgefunden werden. Der Bewerber möchte seine Schwächen natürlich nicht offen nennen, was ziemlich klar ist, denn damit würde er sich selbst ein Eigentor schießen. Allein aufgrund des Gesprächs und aufgrund der Bewerbungsunterlagen lässt sich leider kaum herausfinden, was für Schwächen vorhanden sind.

Oftmals stellen sich diese Schwächen daher erst heraus, wenn der Mitarbeiter bereits im Unternehmen ist. Deshalb muss anhand der Fähigkeiten so gut wie möglich herausgefunden werden, welcher Mitarbeiter in dieser Hinsicht am Besten passen könnte.

Spätestens in den ersten Wochen muss eine Führungskraft dann erkennen, was für Schwächen ein Mitarbeiter hat. Daraus geht dann auch hervor, wie gravierend die Schwächen für den jeweiligen Job sind. Im schlimmsten Fall muss der Mitarbeiter dann noch in der Probezeit entlassen oder umgesetzt werden. Das sollte natürlich nur dann der Fall sein, wenn sich die Schwächen als mehr als schlimm herausstellen sollten.

Damit Fähigkeiten und Schwächen erkannt werden können, muss der Chef sehr empathisch sein. Er muss sich bereits in Bewerber hineinversetzen können und dementsprechend auch die Fragen stellen. So kann es tatsächlich auch erforderlich sein, spezifische Fragen im jeweiligen Gespräch zu stellen.

Ansonsten ist es jedoch auch wichtig, dass der Fokus nicht nur auf den Schwächen liegt, sondern auch immer überlegt wird, was der jeweilige Mitarbeiter für Stärken mitbringen könnte.

Die ersten Wochen für den Neuen

Wenn das Recruiting erfolgreich abgeschlossen ist, dann hat der Vorgesetzte sein Ziel erreicht und er kann eine neue Person einstellen. Damit der neue Mitarbeiter lange Zeit im Unternehmen bleiben möchte, ist bereits der erste Empfang sehr wichtig. Vor allem die ersten Wochen müssen für den Neuen sehr angenehm gestaltet werden, damit dieser direkt gut ankommen kann und sich im Team wohlfühlt.

Die ersten Arbeitstage sind die Wichtigsten. Der Prozess des Integrierens wird daher auch gerne als Onboarding bezeichnet. Mitarbeiter sollen förmlich mit an Bord geholt werden. Wenn niemand am Empfang Bescheid weiß und keiner auf dem Flur grüßt und das neue Büro noch gar nicht vorbereitet wurde, dann hinterlässt das direkt einen schlechten Eindruck, der so schnell nicht mehr gelöscht werden kann. Hierbei sind wir auch wieder beim ersten Eindruck, der entscheidend sein kann.

Auch wenn das Recruiting an dieser Stelle abgeschlossen ist, sollte dennoch genügend Zeit in das Onboarding investiert werden. Es kommt leider immer wieder vor, dass neue Mitarbeiter das Unternehmen nach kurzer Zeit bereits wieder verlassen, wenn sie nicht zufrieden sind. Ein neuer Mitarbeiter muss dabei nicht nur fachlich eingearbeitet werden, sondern auch das neue Team und Arbeitsumfeld kennenlernen. Dazu gehören auch neue Strukturen und Regeln.

Eine Checkliste kann dabei helfen neue Mitarbeiter besser zu integrieren:

1. In Kontakt bleiben
2. Später starten
3. Team informieren
4. Schreibtisch einrichten
5. Technik vorbereiten
6. Willkommensmappe übergeben
7. Team vorstellen
8. Erste Mittagspause planen
9. Für spannende Aufgaben sorgen
10. Werte vermitteln

Zunächst ist es sehr wichtig in Kontakt zu bleiben. Wenn der eigentliche Bewerbungsprozess überstanden ist und der Arbeitsvertrag unterschrieben wurde, dann ist es meistens noch einige Zeit bis zum ersten Arbeitstag. In dieser Zeit kann es schön sein, wenn der Mitarbeiter bereits integriert wird und beispielsweise zum Sommerfest eingeladen wird oder die Mitarbeiterzeitung schon zugeschickt bekommt. So fühlt sich der Mitarbeiter schon integriert, bevor er überhaupt im Unternehmen angefangen hat.

Am ersten Tag kann es sehr empfehlenswert sein später zu starten. Morgens startet meistens eine großes Chaos, wenn alle Mitarbeiter kommen. Wenn der neue Mitarbeiter seinen Tag erst später hat, dann ist das Chaos schon vorbei und der erste tag kann entspannt starten.

Wenn ein neuer Mitarbeiter beginnt ist es immer wichtig, dass das gesamte Team Bescheid weiß. Nichts ist schlimmer als ein Team was nicht Bescheid weiß und deshalb irritiert ist, wenn der neue Mitarbeiter da ist. Daher kann es hilfreich sein, schon einen Tag vorher eine Rundmail an das gesamte Team zu senden. So wissen alle Bescheid. Gibt es einen Empfang sollte auch der Mitarbeiter dort schon informiert werden und nähere Informationen bekommen.

Auch die Technik sollte vorher schon vorbereitet werden. Das gesamte Büro sollte schon ein paar Tage vorher vorbereitet werden. Auch der PC-Zugang und die Passwörter sollten schon vorher vorliegen, damit am ersten Tag alles direkt funktioniert.

Zudem sollte ein Unternehmen eine Willkommensmappe einrichten, damit Mitarbeiter sich direkt gut aufgehoben fühlen.

Es gibt im jedem Unternehmen bestimmte Eigenheiten und Gepflogenheiten, die bekannt sein sollten.

- Wann finden die regelmäßigen Meetings statt?
- Wie werden die Arbeitszeiten geregelt?
- Wie sieht es mit den Urlaubszeiten aus?

In der Mappe sollten die wichtigsten Informationen zu finden sein, damit der Mitarbeiter sich direkt gut empfangen fühlt.

Nichts ist schlimmer, als das ein Mitarbeiter nicht alle Informationen erhält und deshalb auch in Fettnäpfchen treten kann.

Direkt am ersten Tag sollte das gesamte Team darauf vorbereitet sein sich vorzustellen. Am Besten geht der Vorgesetzte dabei von Raum zu Raum und jeder im Team stellt sich vor. Dabei sollten die Mitarbeiter darauf achten, dass sie freundlich und offen sind. Auch das ist wichtig, um einen Neuen direkt im neuen Team aufzunehmen. Jeder im Team sollte kurz sagen an was er arbeitet und wofür er zuständig ist. Natürlich kann sich das die neue Person nicht direkt alles merken, es gibt aber einen ersten Überblick. Als Hilfestellung kann auch direkt eine kleine Übersicht mit den einzelnen Mitarbeitern vorbereitet werden.

In der ersten Mittagspause sollte der Mitarbeiter nicht alleine gelassen werden. Der Neue sollte nicht alleine essen müssen. Es ist außerdem ratsam eine Person aus dem Team zu bestimmen, die als Pate fungieren kann und den neuen Mitarbeiter etwas an die Hand nimmt. Auch die soziale Interaktion sollte anfangs stimmen.

Schon ab Beginn sollte für spannende Aufgaben gesorgt werden. Nichts ist schlimmer, als wenn ein neuer Mitarbeiter nicht direkt Aufgaben bekommt. Hinzu kommt, dass neue Mitarbeiter meistens viel Motivation mitbringen und direkt durchstarten möchten. Auch am ersten Tag sollte der Mitarbeiter nicht früh nach Hause gehen müssen. Das kann direkt für Unzufriedenheit und Frustration sorgen. Schon ab dem ersten Tag sollte es spannende und zugleich fordernde Aufgaben geben.

Auch die Vermittlung von Werten ist mehr als entscheidend. Werte und Missionen leben davon, dass sie im Unternehmen selbst auch zu finden sind und ausgelebt werden. Neben den ersten organisatorischen Dingen sollte neuen Mitarbeitern auch die langfristigen Ziele gezeigt werden. Das kann sehr motivierend sein, weil der jeweilige Mitarbeiter so weiß, wofür er eigentlich arbeitet.

Auch bei einer neuen Person im Team sollte die Führungskraft immer authentisch bleiben. Es darf keinesfalls ein falsches Spiel getrieben werden, denn das fliegt früher oder später ohnehin auf. Dann kann die Enttäuschung umso größer sein.

Fakt ist, dass die ersten Wochen für den Neuen entscheidend sind und daher genau durchdacht werden sollten. Bestenfalls kümmert sich eine bestehende Person aus dem Team genau um die neue Person, während der Vorgesetzte erste wichtige Gespräche führt.

Mindestens genauso wichtig ist auch die passende Einarbeitung.

Nichts ist schlimmer, als das ein neuer Mitarbeiter schon Aufgaben erledigen muss, aber gar nicht weiß, wie er dabei vorgehen soll. Es muss genaue Erklärungen geben, um dem Neuen Sicherheit zu vermitteln. Der Empfang sollte so vorbereitet werden, wie jeder Einzelne gerne empfangen werden würde. Das ist praktisch die Visitenkarte des Unternehmens, denn auch so etwas spricht sich sehr schnell herum und ist daher von Bedeutung.

Was Sie tun, wenn ein Mitarbeiter den falschen Job hat oder sich nicht einfügen kann

Es kann immer wieder passieren, dass ein Mitarbeiter sich für den falschen Job entschieden hat oder sich in das Unternehmen nicht einfügen kann. So gut das Bewerbungsgespräch auch gelaufen ist, erst wenn die Zusammenarbeit wirklich beginnt kann man feststellen, ob der berufliche Kontext für beide Seiten passend ist.

Doch was genau kann getan werden, wenn sich ein Mitarbeiter für den falschen Job entschieden hat? Oftmals ist das auch für die betreffenden Personen eine schwierige Lage. Sie haben lange ein Studium durchgeführt und sich dann beworben und den eigenen Wunschberuf bekommen. Dann kann aber schnell die Erkenntnis kommen, dass man sich vielleicht doch für den falschen Job entschieden hat.

Es kann immer wieder passieren, dass Mitarbeiter im falschen Job landen. Das muss gar nicht immer etwas mit der Führungskraft selbst zu tun haben. Es gibt verschiedene Gründe dafür, warum eine neue Beschäftigung doch der falsche Job sein kann. Das lässt sich auf den ersten Blick nicht direkt erkennen. Es gibt aber auch Anzeichen, die dem Arbeitgeber vielleicht nicht aufgefallen sind.

- Großer Druck
- Schlechte Recherche
- Unsicheres Gefühl

Gerade wenn die Jobsuche etwas mehr Zeit in Anspruch genommen hat, dann kann schnell ein größerer Druck entstehen, endlich einen Job zu finden. Viele Menschen möchten, dass die Arbeitslosigkeit dann endlich ein Ende hat oder möchten den vorherigen Job sehr gerne hinter sich lassen. So werden mit der Zeit immer mehr Bewerbungen versendet, in so vielen verschiedenen Unternehmen und Positionen wie möglich. Dabei besteht die Hoffnung irgendwo zu landen, Hauptsache man findet überhaupt einen neuen Job. Dieser kann sich dann jedoch auch schnell als falscher Job herausstellen.

Bei schlechter Recherche hat man sich schlichtweg für den falschen Arbeitgeber entschieden. Daran kann die Führungskraft selbst auch gar nichts ändern. Es liegt am Bewerber selbst zu entscheiden, ob das Unternehmen für ihn geeignet ist. Manchmal funktioniert die Recherche nicht so gut und ein Arbeitgeber scheint auf den ersten Blick sehr vielversprechend zu sein. Dann findet man durch Zufall noch ein gutes Jobangebot und ist gleich begeistert. Viele Mitarbeiter greifen dann zu, ohne genauer nachzudenken oder weitere Informationen einzuholen. Das dann doch nicht alles den eigenen Vorstellungen entspricht, wird dann erst im eigentlichen Arbeitsalltag festgestellt, wenn es eigentlich schon zu spät ist.

Es kann auch passieren, dass es schon vorher ein unsicheres Gefühl gegeben hat, was dann aber schnell zur Seite geschoben wurde. Das ungute Gefühl im Magen darf aber durchaus ein Grund sein, um einen Job abzulehnen. Meistens erkennen Bewerber jedoch nicht den Grund für das unangenehme Gefühl. So werden die Gedanken ignoriert, was sich im Nachhinein jedoch als Fehler herausstellen kann.

Doch woran kann auch eine Führungskraft erkennen, ob ein Mitarbeiter vielleicht nicht gerne zur Arbeit geht?

- Es kostet dem Mitarbeiter jeden Morgen Überwindung überhaupt aufzustehen und zur Arbeit zu fahren.
- Es gab in letzter Zeit keine Höhepunkte mehr im beruflichen Kontext
- Der Mitarbeiter erweckt den Eindruck, als würde er immer nur darauf hoffen, dass es endlich besser wird
- Auch kann es ein Kennzeichen sein, wenn der Mitarbeiter einen großen Ausdruck der Unlust zeigt und sich gar nicht mehr motivieren kann.
- So kann es auch sein, dass seit Ewigkeiten keine Ambitionen mehr vorhanden sind. Der jeweilige Mitarbeiter kann sich gar nicht mit den Unternehmenszielen definieren.
- Führungskräfte sollten aufmerksam werden, wenn der Job zum Großteil aus Routinen besteht, die sich immer wieder wiederholen. Dann sollten noch weitere abwechslungsreiche Aufgaben gefunden werden.
- Wenn ein Mitarbeiter seit langer Zeit nicht befördert wurde, dann

kann das ebenfalls ein deutliches Zeichen sein.

- Ein Alarmsignal liegt außerdem vor, wenn Mitarbeiter sich gar nicht ins Team integrieren und auch kaum etwas mit Kollegen unternehmen.
- Mitarbeiter, die den falschen Job haben, wollen sich mit ihm auch gar nicht gerne beschäftigen. Sobald sie Feierabend machen dürfen, verschwinden sie auch sofort und machen keine Minute länger.

Wenn eine Führungskraft bei einem Mitarbeiter einige dieser Signale erkennt, dann sollte so schnell wie möglich gehandelt werden. Vorher ist es wichtig, genaue Beobachtungen anzustellen und sich diese aufzuschreiben. So kann der Mitarbeiter in einem persönlichen Gespräch direkt darauf angesprochen werden.

Meistens müssen aber wirklich mehrere Signale zusammentreffen, bis wirklich davon gesprochen werden kann, dass ein Mitarbeiter sich den falschen Job ausgesucht hat. Meistens bemerkt der Mitarbeiter selbst zuerst, dass etwas nicht stimmt und er mit den Aufgaben oder dem Unternehmen einfach nicht zurechtkommt. Die meisten Mitarbeiter sind aber nicht so direkt, dass sie direkt das Gespräch suchen würden.

Wenn der Chef etwas bemerkt, sollte er mit den gemachten Notizen ein Gespräch beginnen. Dabei darf er gerne direkt sein und offen ansprechen, ob der Mitarbeiter im Unternehmen vielleicht nicht mehr so zufrieden ist. Unter Umständen kann dann einfach eine andere Abteilung gefunden werden. Wenn es gar keinen anderen Weg gibt, muss die Person das Unternehmen verlassen. Das bringt jedoch auch Vorteile für die Effektivität mit sich, denn andere Mitarbeiter könnten die Position vielleicht effektiver erfüllen.

Kann ein Mitarbeiter sich hingegen nicht ins Unternehmen einfügen, dann entstehen ganz andere Probleme. Nicht immer möchte die betreffende Person das Unternehmen direkt verlassen. Es müssen dann Maßnahmen gefunden werden, wie die Situation mit dem Mitarbeiter verbessert werden kann.

Vor allem bei neuen Mitarbeitern müssen die Warnsignale sofort ernstgenommen werden. So kann es immer wieder vorkommen, dass man sich als Chef für einen Mitarbeiter entschieden hat, doch nach einer

Weile bekommt man das Gefühl, eine falsche Personalentscheidung getroffen zu haben. Der Mitarbeiter fügt sich einfach nicht ins Team ein und scheint nicht so recht zu passen. Es wirkt so, als wäre die Person nicht die richtige für den Job.

Dabei ist es ganz normal, dass es in der ersten Zeit noch nicht so rundläuft. Der Mitarbeiter muss sich ja auch erst eingewöhnen. Nach Meinung von Experten kann der neue Job mit einer neuen Beziehung verglichen werden. Man lernt Dinge, die man vorher noch nicht wusste. Auch wenn sich der Mitarbeiter nicht richtig einfügt, muss es nicht immer direkt die Kündigung sein. Ein klärendes Gespräch kann auch schon Wunder bewirken.

Wenn mehrere Warnsignale auf einmal zusammentreffen, dann sollte jeder Chef skeptisch werden und Maßnahmen ergreifen:

- Mangelhafte Arbeitsqualität
- Unbearbeitete Aufgaben
- Mangelhafte Arbeitseinstellung
- Übertriebene Forderungen
- Wenig Integration im Team
- Keine Identifikation mit der Strategie
- Beschwerden von Mitarbeitern, Kunden oder Geschäftspartnern

Private Probleme und Sorgen abfangen und diskret klären

Auch wenn es sich im Job eigentlich um den Beruf gehen soll, lässt es sich einfach nicht vermeiden, dass auch private Probleme eine entscheidende Rolle spielen.

Viele Mitarbeiter werden dann wohl versuchen, die privaten Probleme einfach für sich zu behalten. Meistens gelingt das jedoch nicht so wirklich und die Probleme gelangen früher oder später an die Oberfläche. Das jedoch kann sehr schnell unangenehm werden, weil man sich dem Chef oder Kollegen nicht unbedingt anvertrauen möchte.

An dieser Stelle kann der Chef aber auch interagieren und schon vorher einschreiten. Inwiefern das möglich ist, hängt aber auch davon ab, was er für eine Rolle übernommen hat. Wenn man eher der strenge Chef ist, sollte man versuchen, sich bei privaten Problemen und Sorgen eher rauszuhalten. Wenn sich das nicht vermeiden lässt, sollten die Komplikationen möglichst professionell geklärt werden.

Nur so kann vermieden werden, dass es für niemandem unangenehm wird. Als Vorgesetzter dürfen dabei auf keinen Fall Grenzen überschritten werden. Die Linie zwischen privat und beruflich muss klar gezogen werden. Am Ende entscheiden immer die Mitarbeiter worüber sie reden möchten. Sie dürfen zu nichts gezwungen werden.

Wenn der Vorgesetzte jedoch eher die Rolle des Kumpels einnimmt, dann kann er durchaus mehr interagieren und die Probleme direkt ansprechen. Nur in den seltensten Fällen werden die Mitarbeiter von allein auf den Chef zukommen.

Das ist jedoch von außen problematisch, weil es schnell so wirken kann, als würde sich der Mitarbeiter einfach nicht mehr anstrengen und deshalb schlechte Arbeitsergebnisse erzielen. Das unter der Oberfläche vielleicht andere Probleme schwelen, muss einem Vorgesetzten immer bewusst sein. Es gilt daher herauszufinden, was die eigentliche Ursache ist.

Es gibt eine Reihe von privaten Problemen, die sich durchaus auch auf den Job auswirken können. Wichtige Probleme können beispielsweise sein:

- Beziehungsprobleme
- Familiäre Probleme
- Tod einer wichtigen Person
- Sorgen mit den eigenen Kindern
- Psychische Probleme
- Allgemeines Unwohlsein im eigenen Körper
- Jemand ist schwer erkrankt
- Eigene Erkrankungen
- Drogenabhängigkeit
- Andere Suchtprobleme
- Etc.

Manche Probleme lassen sich auch gar nicht beeinflussen und kommen völlig unerwartet auf einen zu. Man kann die Mitarbeiter also nicht unbedingt dafür verantwortlich machen.

Umso wichtiger ist bei persönlichen Problemen ein klärendes Gespräch. Wenn der Chef eher ein Kumpel ist, dann kann das sehr hilfreich sein. Er kann die Probleme besser ansprechen, ohne dass sich der Mitarbeiter direkt angegriffen oder verängstigt fühlt. Viele Personen im Team werden sich davor fürchten etwas Persönliches zu erzählen, weil es Konsequenzen für sie haben könnte.

Natürlich müssen Mitarbeiter nichts Persönliches erzählen, es kann aber sehr zum Verständnis der Führungskraft beitragen. Vielleicht kann so auch gemeinsam an einer Lösung für beide Seiten gearbeitet werden. Wenn die eigenen Eltern z.B. intensiv gepflegt werden müssen, können die Stunden für eine bestimmte Zeit reduziert werden, damit sich der betreffende Mitarbeiter besser um seine Eltern kümmern kann.

Das ist nur eines von vielen Beispielen was zeigt, wie wichtig es ist, miteinander zu sprechen. Der Vorgesetzte sollte immer versuchen die Probleme rechtzeitig abzufangen und diese diskret zu klären. Alles Besprochene muss diskret bleiben. Ansonsten kann das das Vertrauen stark beeinträchtigen.

Wie Sie Mitarbeiter zu Teams zusammenfügen

Im Job machen Einzelkämpfer meistens wenig Sinn. Bei einfachen Aufgaben kann es gut funktionieren allein zu arbeiten. Gerade bei größeren Projekten ist es aber eigentlich immer erforderlich, dass in Teams gearbeitet wird.

Um Teams bilden zu können, sollte gleichzeitig auch am Teamgeist gearbeitet werden. Dieser kann gezielt gefördert werden. Je stärker der Zusammenhalt der Gruppe ist, desto leichter fällt es, die gesteckten Ziele zu erreichen.

Ziel von Teams ist es, dass die Mitarbeiter harmonisch miteinander agieren und ihre individuellen Fähigkeiten einsetzen können. Ist das der Fall, dann können die Unternehmensziele wesentlich leichter realisiert werden.

Doch es ist gar nicht so einfach Mitarbeiter zu einem Team zusammenzufügen. Das hängt meistens damit zusammen, dass es schwer ist, mehrere Menschen für ein Ziel zu begeistern. Wenn die Mitarbeiter im Team nicht zusammenpassen, kann es zu Konflikten kommen und dann leidet wiederum das Betriebsklima. Daher ist es umso wichtiger, dass Teams gefunden werden, die wirklich zusammenpassen und gut miteinander harmonieren.

Einige Tipps und Tricks sollten dabei von der Führungskraft beachtet werden:

- Teamfähige Mitarbeiter auswählen
- Fair und gerecht zu allen Teammitgliedern sein
- Lob nicht sparend einsetzen
- Vertrauen schaffen
- Kommunikation fördern
- Mitarbeiter genau beobachten
- Klare Hierarchie und Aufgabenverteilung beachten
- Vorbildfunktion wahrnehmen
- Gemeinsame Unternehmungen fördern
- Gutes Betriebsklima herbeiführen

Es sollten immer möglichst viele teamfähige Mitarbeiter gefunden werden. So kann ein leistungsfähiges Team entstehen. Dabei ist es wichtig, sich jeden Mitarbeiter genau anzuschauen. Hierbei sind Beobachtungen zu Fähigkeiten und Schwächen sehr wichtig und ob der jeweilige Mitarbeiter Kompetenzen besitzt, die im Team benötigt werden könnten. Ein einziger großer Querkopf kann in der Gruppe leider schon dafür sorgen, dass die gesamte Teamarbeit nicht mehr funktioniert. Die Wahl der Teammitglieder sollte daher ganz bewusst getroffen werden. Die einzelnen Charaktere sollten ebenfalls zusammenpassen.

Eine Führungskraft sollte zudem immer gerecht und fair zu allen Teammitgliedern sein.

Ansonsten kann es schnell zu Missstimmungen innerhalb der gesamten Gruppe kommen. Daher sollte keine Person bevorzugt oder benachteiligt werden. Alle Mitglieder eines Teams sind gleich viel wert.

Auch bei der Teamarbeit sollte nicht mit Lob gespart werden. Die Führungskraft sollte dabei immer die Stärken und Schwächen der einzelnen Mitarbeiter im Blick haben. Über kleinere Schwächen darf dabei auch gerne hinweggesehen werden. Das gilt immer dann, wenn die betreffende Person sich Mühe gibt und sich trotz der Schwäche engagiert. Die Leistungen einzelner Personen sollten dabei gar nicht hervorgehoben werden, sondern lieber die gesamte Teamleistung. Das fühlt sich für alle Personen besser an. Anerkennung darf vom Chef auch vor der gesamten Mannschaft ausgesprochen werden.

Gleichzeitig sollte auch Vertrauen geschafft werden. Das spielt auch bei der Arbeit in Teams eine wichtige Rolle. Nur so ist konstruktive Teamarbeit möglich. Die Führungskraft sollte daher zu jedem einzelnen Mitarbeiter ein besonderes Vertrauensverhältnis haben.

Dabei darf auch regelmäßig Rücksprache gehalten werden und es dürfen außerhalb des Teams auch gerne Einzelgespräche geführt werden. Dann kann es darum gehen, wie gut die Arbeit im Team funktioniert und wo es Schwierigkeiten geben könnte. So kann der Chef kontrollierend eingreifen und die Teamarbeit wieder in die richtigen Bahnen lenken.

Dennoch sollte jeder einzelnen Person immer mit Respekt begegnet werden. Verständnis zu zeigen kann dabei sehr wichtig sein. Genauso sollte die Führungskraft immer darauf achten, dass die Kommunikation zwischen den Teammitgliedern gefördert wird. Es ist wichtig, dass auch im Team genügend miteinander gesprochen wird. Nur durch Kommunikation können am Ende auch gute Arbeitsergebnisse aus der Gruppe heraus entstehen.

So sollte es innerhalb des Teams auch regelmäßig Besprechungen geben. Darüber hinaus ist es entscheidend, die Mitarbeiter immer genügend zu beobachten. Diese sollen gar nicht verfolgt werden, aber ein Blick auf jeden einzelnen Mitarbeiter kann ab und zu gar nicht schaden. So können Probleme und Spannungen viel schneller erkannt werden. Das gilt vor allem für Spannungen, die innerhalb eines Teams entstehen können und dann für geringere Effektivität sorgen.

Gleichzeitig sollte auch auf passende Strukturen geachtet werden. Es gibt durchaus Teams, in denen es demokratische Grundgedanken gibt. Dort treffen die Mitarbeiter einen Großteil der Entscheidungen gemeinsam und es herrschen eher flache Hierarchien. Das bedeutet wiederum, dass es keinen bestimmten Chef gibt, sondern alle Mitarbeiter sich auf der gleichen Ebene befinden.

Aber das kann nur in wenigen Fällen gut gehen. Meistens kann dadurch kein reibungsloser Arbeitsablauf mehr gewährleistet werden. Oftmals kollidieren einzelne Meinungen miteinander und das Team kann nicht in eine richtige Richtung gelenkt werden. Es kann daher sehr hilfreich sein, wenn es feste Hierarchien gibt, bei denen allen bekannt ist, wer der Chef ist.

Die Entscheidungen können dennoch im Team getroffen werden. Am Ende muss aber einer für alle Entscheiden. Alle Aufgaben und Befugnisse sollten nach Möglichkeit klar verteilt sein, damit jeder einen festen Platz in der Gruppe hat.

Führungskräfte sollten immer versuchen ein Vorbild zu sein. Das ist wichtig, weil die Mitarbeiter sich an dem Vorgesetzten orientieren können. Der Chef selbst sollte daher immer korrektes Verhalten anbieten und eine gute Rolle einnehmen. Es darf nur ein bestimmtes Verhalten eingefordert werden, was selbst auch vorgelebt wird.

Im Team sollten gemeinsame Unternehmungen gefördert werden. Gemeinsame Unternehmungen außerhalb der Arbeitszeit können sich sehr gut eigenen, um verschiedene Kollegen in einem Team näher zueinander zu bringen und persönliche Verbindungen entstehen zu lassen. Außerhalb des Unternehmens lässt es sich viel angenehmer und entspannter reden. Auch die Kommunikation kann sich dadurch nur verbessern.

Insgesamt sollte immer für ein gutes Betriebsklima gesorgt werden. Nur dann können Mitarbeiter sich wohlfühlen und gut miteinander arbeiten. Für ein gutes Miteinander ist es wichtig, dass alle Menschen in einem Team sich wohlfühlen. Der Vorgesetzte ist dafür verantwortlich ein gutes Team zusammenzustellen und dieses dann auch zu überwachen.

Kreative Einzelkämpfer erkennen und fördern

Im Gegensatz zur Teamarbeit gibt es aber auch Menschen, die viel besser im allein arbeiten können. Teamarbeit kann sehr viele Vorteile mit sich bringen und ist in einem Unternehmen daher unerlässlich um große Projekte vorantreiben zu können. Doch das liegt einfach nicht allen Mitarbeitern.

Aufgabe des Chefs ist es daher, direkt am Anfang zwischen Teamplayern und Einzelkämpfern zu unterscheiden. Beides kann Vorteile mit sich bringen. Die Mitarbeiter müssen nur entsprechend eingesetzt werden.

Die Mitarbeiter können dazu auch ganz offen befragt werden um herauszufinden, wer sich für Teamarbeit eignet und wer lieber Einzelaufgaben übernehmen sollte. Das zu managen ist grundsätzlich Aufgabe des Chefs.

<u>Es gibt einige Faktoren, die dafür sprechen, dass es sich um einen Einzelkämpfer bzw. Teamplayer handeln könnte:</u>

- Einzelkämpfer benötigen eine eher ruhige Arbeitsatmosphäre
- Einzelkämpfer diskutieren nicht gerne und haben eine feste Meinung
- Teamplayer diskutieren sehr gerne und bilden sich gerne eine gemeinsame Meinung
- Teamplayer verbringen auch sehr gerne Zeit mit anderen Mitarbeitern
- Einzelkämpfer legen den Fokus gerne auf eine einzelne Aufgabe und konzentrieren sich vollkommen darauf

Vieles kann auf kreative Einzelkämpfer hindeuten. Diese müssen gezielt erkannt werden. Es ist jedoch eine falsche Ansicht davon zu sprechen, dass jeder Einzelkämpfer irgendwie auch zu einem Teamplayer werden muss.

Das ist mit Sicherheit irgendwie möglich, wird aber nur mit Zwang funktionieren und ist mit Unzufriedenheit verbunden. Somit kann der Einzelkämpfer am Ende das gesamte Team negativ beeinflussen. Das ist dann auch gar nicht absichtlich, führt aber nicht zum Erfolg. Einzelkämpfer sollten daher lieber direkt erkannt und dann gefördert werden. Es gibt immer wieder Aufgaben, die besser von einer einzelnen Person als einem gesamten Team erledigt werden können.

Für diese Aufgaben eignet sich der Einzelkämpfer einfach perfekt. Er geht richtig in seinen Einzelaufgaben und kann sich auf diese vollkommen fokussieren. Gefördert werden können Einzelkämpfer eigentlich ganz einfach, indem man ihnen als Führungskraft die richtigen Aufgaben zuteilt.

Zusammenfassung

Führungskräfte haben zahlreiche Aufgaben. Sie müssen richtige Allrounder sein und in vielen Bereichen auf einmal aktiv sein. Gleichzeitig ist die richtige Führung jedoch enorm wichtig, um ein Unternehmen langfristig zum Erfolg führen zu können.

Dafür gibt es jede Menge Strategien und Methoden, die in unterschiedlichen Bereichen zum Einsatz kommen kann. Letztlich gibt es jedoch kein Wundermittel, sondern es muss immer einer Anpassung auf die individuelle Situation erfolgen.

Führungskräfte brauchen daher ein großes Feingefühl und müssen überall präsent sein. Den einen perfekten Vorgesetzten kann es daher einfach gar nicht geben. Dennoch sollte es das Ziel jedes Chefs sein, sich in allen Bereichen zu verbessern.

Damit das möglich ist, muss jeder Vorgesetzte erst einmal für sich selbst herausfinden, was für eine Führungsrolle er einnehmen möchte. Das kann durchaus einige Zeit in Anspruch nehmen und ist auch stets von dem jeweiligen Unternehmen abhängig. Auch die Mitarbeiter spielen eine entscheidende Rolle.

Am Ende kann beinahe jeder Mensch lernen eine gute Führungskraft zu werden, wenn er die passenden Werkzeuge zur Verfügung hat. Einige bereits vorhandene Möglichkeiten können das Ganze weitgehend erleichtern. Verschiedene Kompetenzen im Managementbereich gehören hinzu, aber z.B. auch Empathie. All das ist entscheidend, um ein Unternehmen gut führen zu können.

Mitarbeiter dürfen dabei nicht nur als Ressource gesehen werden, sondern als einzelner Mensch, der verschiedene Bedürfnisse, Sorgen und Ängste hat. Nur so können Mitarbeiter unterstützt und motiviert werden. Das wiederum wirkt sich auf den Erfolg des Unternehmens aus. Das ist wiederum ein sehr wichtiger Aspekt, denn ein Chef muss immer das Wohl der Mitarbeiter und das des Unternehmens im Hinterkopf haben.

Eine erfolgreiche Führungskraft muss damit nicht perfekt sein, um

ein Unternehmen zum Erfolg führen zu können.

Haftungsausschluss

„Die Verwendung der Informationen in diesem Buch und die Umsetzung derselben erfolgt ausdrücklich auf eigenes Risiko. Der Autor kann für etwaige Unfälle und Schäden jeder Art, die sich bei der Zubereitung der Speisen ergeben, aus keinerlei Rechtsgrund die Haftung übernehmen.

Haftungsansprüche gegen den Autor für Schäden jeglicher Art, die durch die Nutzung der Informationen in diesem Buch bzw. durch die Nutzung fehlerhafter und/oder unvollständiger Informationen verursacht wurden, sind ausgeschlossen.

Folglich sind auch Rechts-und Schadenersatzansprüche ausgeschlossen. Der Inhalt dieses Werkes wurde mit größter Sorgfalt erstellt und überprüft. Der Autor übernimmt keine Gewähr und Haftung für die Aktualität, Korrektheit, Vollständigkeit und Qualität der bereitgestellten Informationen. Druckfehler können nicht vollständig ausgeschlossen werden. Weiterhin beruht der Inhalt dieses Werkes auf persönlichen Erfahrungen und Meinungen des Autors. Der Inhalt darf nicht mit medizinischer Hilfe verwechselt werden."

Impressum

Kontakt: Silke Richter Silberbuck 779189 Bad Krozingen

Covergestaltung: Finja Schmökel - Grafikdesign

Bildmaterialien: Depositphotos, Canva

Printed in Poland
by Amazon Fulfillment
Poland Sp. z o.o., Wrocław

14378445R00081